机器视觉与数字图像处理基础
（HALCON版）

王 强 编著

Fundamentals of
Machine Vision and
Digital Image Processing
(Using HALCON)

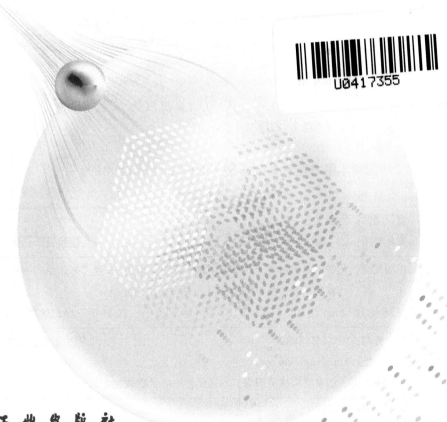

化学工业出版社
·北京·

内 容 简 介

本书介绍了机器视觉系统的概念、原理，视觉系统组成以及数字图像处理基础，重点介绍了机器视觉系统的图像采集系统、视觉图像处理基础算法以及机器视觉的典型应用案例，典型案例介绍了机器视觉的应用，并采用HALCON与C#混合编程的方式演示了如何搭建机器视觉系统。

本书重在理论联系实际，从图像采集部分开始到数字图像处理部分，除了介绍相关的理论知识外，结合具体的实际案例介绍HALCON编程，并提供了明确的使用方法。对每一种数字图像处理算法在机器视觉系统中的应用，都通过实例说明了具体的应用方法和注意事项。本书中提供的实例图像大部分来自工业应用现场。每章均配有典型习题供练习使用，以加深对内容的理解。

本书既可作为高等学校机械电子工程、智能制造工程、机器人工程、人工智能等机械类、自动化类、电子信息类专业的教材，也可供图像处理及机器视觉相关的科研和工程技术人员参考。

图书在版编目（CIP）数据

机器视觉与数字图像处理基础：HALCON版/王强编著．—北京：化学工业出版社，2021.12（2024.1重印）
 ISBN 978-7-122-39984-7

Ⅰ．①机… Ⅱ．①王… Ⅲ．①计算机视觉 ②数字图像处理 Ⅳ．①TP302.7 ②TN911.73

中国版本图书馆CIP数据核字（2021）第198901号

责任编辑：潘新文
责任校对：边 涛　　　　　　　　　　　　　　装帧设计：张 辉

出版发行：化学工业出版社（北京市东城区青年湖南街13号　邮政编码100011）
印　　装：北京科印技术咨询服务有限公司数码印刷分部
787mm×1092mm　1/16　印张13　字数304千字　2024年1月北京第1版第4次印刷

购书咨询：010-64518888　　　　　　　　　　售后服务：010-64518899
网　　址：http://www.cip.com.cn
凡购买本书，如有缺损质量问题，本社销售中心负责调换。

定　价：49.80元　　　　　　　　　　　　　　　　　版权所有　违者必究

前言

　　机器视觉与图像处理是人工智能的一个重要研究方向。随着《中国制造2025》的提出，提升企业的智能制造水平已经提上日程并涌现了大量的机器视觉需求。早些年由于计算机运算速度的限制，导致一些应用还无法实现。随着计算机性能的大幅提高，机器视觉系统已经成为工业生产的重要组成部分。

　　目前，机器视觉技术已经应用在各个行业中并显现出了巨大的优势与作用。机器视觉的核心是数字图像处理。介绍图像处理的书籍很多，但是，缺少机器视觉硬件方面的介绍，如图像采集方法、相机、镜头以及光源照明等。此外，在介绍图像处理的时候，更多的是对算法原理的介绍，而没有说明算法如何应用。当前从事机器视觉行业的人员中，有不少人员要么只对算法原理有所理解而不知道如何应用；要么只会利用现有图像处理平台进行算法的调用和参数的调节，而不懂算法原理，从而花费大量的时间来选择不同的算法进行结果测试，导致视觉系统开发效率低下。因此，有必要系统地介绍关于机器视觉的理论基础知识、图像处理算法基础知识以及这些知识的具体应用。

　　本书结合笔者多年的理论研究和实际工程应用经验编写，并参考了大量文献。首先，系统地介绍了机器视觉系统的概念，机器视觉中的图像采集方法，包括光源及照明方式，镜头与相机主要参数等；接着介绍了机器视觉处理平台HALCON的应用方法；然后，详细介绍了数字图像的概念，常用图像处理算法如图像增强、图像几何变换、边缘检测算法、数学形态学算法、图像分割算法、模板匹配算法以及摄像机标定原理和方法，并详细介绍了算法的使用方法，通过实例对算法结果进行了展示；最后，通过具体的应用案例分析，让读者了解完整的视觉图像处理过程，通过HALCON与C#混合编程，让读者了解如何建立一个完整的机器视觉系统。本书除了对基本理论知识进行描述之外，还对知识的应用进行了详细的介绍，同时结合HALCON处理平台，通过具体实例展示了应用效果，引导读者在掌握视觉处理算法的基础上，培养读者独立思考和解决问题的能力，同时培养读者利用HALCON进行编程的能力和构建机器视觉系统的能力，培养读者的工程应用能力。

　　本书适合于高等学校机械电子工程、智能制造工程、机器人工程、人工智能等机械类、自动化类、电子信息类等专业具有一定数学基础的本科生，也可以作为相关方向研究生的参考用书。同时，也可以作为从事图像处理、机器视觉相关的科研人员和工程应用技术人员的参考用书。也适用于对数字图像处理和机器视觉感兴趣并具备一定数学基础的读者。

　　限于笔者水平有限，书中不足之处，敬请读者给予批评指正。

编著者

目录

01

第1章 绪论

1.1　机器视觉的概念　2
1.2　机器视觉的组成　2
1.3　机器视觉系统的特点　3
1.4　机器视觉系统的应用领域　4
1.4.1　在工业生产中的应用　4
1.4.2　在农产品检测中的应用　5
1.4.3　在医学中的应用　6
1.4.4　在军工以及制导方面的应用　6
1.4.5　在其他方面的应用　7
习题　7

02

第2章 机器视觉图像采集

2.1　光源　9
2.1.1　电磁辐射　9
2.1.2　光源类型　10
2.1.3　光源的形状　11
2.1.4　光源照明方式　14
2.2　镜头　17
2.2.1　焦距　17
2.2.2　光圈　18
2.2.3　其他镜头参数　19
2.3　摄像机　19
2.3.1　CCD芯片尺寸　20
2.3.2　分辨率　21
2.3.3　帧率与曝光时间　21
2.3.4　其他摄像机参数　22
习题　22

03

第3章 数字图像处理基础

3.1　数字图像的表示　25
3.2　数字图像分类　25
3.2.1　彩色图像　26
3.2.2　二值图像　26
3.2.3　灰度图像　27
3.2.4　索引图像　29

3.3 数字图像的格式 30
3.3.1 BMP 格式 30
3.3.2 JPEG 格式 30
3.3.3 PNG 格式 30
3.3.4 GIF 格式 30
3.3.5 TIFF 格式 31
3.4 数字图像处理的一般步骤和方法 31
3.5 图像性质 32
3.5.1 图像的通道 32
3.5.2 图像的分辨率 32
3.5.3 图像的邻域 32
3.5.4 图像的连通域 33
3.5.5 像素之间的距离 33
3.5.6 图像直方图 34
3.5.7 图像中的熵 35
3.5.8 图像中的其他统计特征 36
习题 36

04

第4章 HALCON 简介

4.1 HALCON 介绍 39
4.2 HALCON 界面认识 39
4.2.1 菜单栏 41
4.2.2 工具栏 41
4.2.3 子窗口 42
4.3 HALCON 的数据类型 44
4.3.1 HALCON 的 Image 图像 45
4.3.2 Region 区域 47
4.3.3 XLD 轮廓 49
4.3.4 Tuple 元组 50
4.4 HALCON 控制语句 55
4.4.1 if 条件语句 55
4.4.2 while 循环语句 56
4.4.3 for 循环语句 57
4.4.4 switch 分支条件语句 57
4.4.5 中断语句 58
4.5 第一个机器视觉例子 59
习题 61

05

第5章 图像增强

5.1 灰度变换 63
5.1.1 线性变换 63
5.1.2 分段线性变换 64
5.1.3 对数变换 64
5.1.4 幂次变换 65
5.2 直方图变换 67
5.2.1 直方图均衡化 67
5.2.2 直方图规定化 69
5.3 图像平滑处理 72
5.3.1 图像卷积运算概念 72
5.3.2 均值滤波 74
5.3.3 中值滤波 75
5.3.4 高斯滤波 76
5.3.5 双边滤波 77

5.4	代数运算	79	5.4.4 图像除法	81
5.4.1	图像加法	80	5.5 图像逻辑运算	82
5.4.2	图像减法	80	习题	84
5.4.3	图像乘法	80		

06

第6章 图像几何变换

6.1	图像插值	87	6.2 仿射变换	90
6.1.1	最近邻插值	87	6.3 透视变换	93
6.1.2	双线性插值	88	6.4 极坐标变换	94
6.1.3	双三次插值	89	习题	95

07

第7章 图像锐化与边缘检测

7.1	图像梯度的概念	98	7.3 二阶微分算子	105
7.2	一阶微分算子锐化与边缘检测	99	7.3.1 Laplacian算子	106
7.2.1	水平微分和垂直微分算子	99	7.3.2 LOG算子	107
7.2.2	Kirsch算子	102	7.3.3 DOG算子	107
7.2.3	Sobel算子	102	7.4 Canny算子	108
7.2.4	Prewitt算子	103	习题	109
7.2.5	Roberts算子	104		

08

第8章 数学形态学处理

8.1	形态学运算基础	112	8.2.2 腐蚀运算	115
8.2	二值图像形态学运算	113	8.2.3 开运算和闭运算	117
8.2.1	膨胀运算	114	8.2.4 击中击不中变换	119

8.3 灰度图像数学形态学运算	122	8.3.5 底帽	124
8.3.1 灰度图膨胀与腐蚀	122	8.4 形态学运算的应用	126
8.3.2 灰度图开运算与闭运算	123	8.4.1 二值图形态学应用	126
8.3.3 形态学梯度	124	8.4.2 灰度图形态学应用	128
8.3.4 顶帽	124	习题	131

09

第9章 图像分割

9.1 基于灰度值的阈值分割	134	9.3 分水岭算法	142
9.1.1 全局阈值分割	134	9.4 其他分割算法介绍	145
9.1.2 局部阈值分割	138	习题	146
9.2 区域生长算法	141		

10

第10章 图像模板匹配

10.1 图像金字塔	148	10.5 形状匹配	157
10.1.1 高斯金字塔	148	10.6 基于特征的匹配	161
10.1.2 拉普拉斯金字塔	149	10.6.1 基于矩的匹配方法	161
10.2 基于灰度值的匹配	150	10.6.2 基于特征点的匹配方法	163
10.3 带旋转与缩放的匹配	156	习题	163
10.4 基于边缘的匹配	156		

11

第11章 摄像机标定

11.1 标定原理	166	11.2 标定过程	170
11.1.1 坐标系之间的转换关系	167	习题	175
11.1.2 镜头畸变	169		

第12章 机器视觉应用实例分析

12.1 点阵字符分割与识别	177	12.3 布料瑕疵检测	184
12.1.1 确定字符区域	177	12.3.1 彩色图像分解	185
12.1.2 分割单个字符	178	12.3.2 瑕疵区域提取	186
12.1.3 字符训练与识别	179	12.4 HALCON 与 C#混合编程实例	188
12.2 镜片自动分拣	181	12.4.1 图像处理算法导出	188
12.2.1 提取凹面镜片区域	182	12.4.2 系统设计与算法集成	189
12.2.2 中心位置查找	183	习题	198

参考文献 199

第1章 绪论

机器视觉是以数字图像处理为基础的包含多学科的一门交叉学科。随着人工智能技术的发展，作为人工智能的一个重要方向，机器视觉技术越来越得到重视。我国 2015 年 5 月提出《中国制造 2025》计划，开始全面推进实施制造强国，《中国制造 2025》的核心是智能制造，而智能制造离不开机器视觉，利用机器视觉技术可以实现如产品缺陷检测、识别、分类、定位以及测量等功能，从而提升企业的智能化制造水平。

1.1 机器视觉的概念

机器视觉有时也称计算机视觉，只是两者的侧重点略有不同。计算机视觉更强调采用计算机处理视觉图像，是一个基于视觉图像的计算问题，而机器视觉更指整个视觉系统，包括视觉图像采集、视觉图像处理以及处理结果输出三部分，三者构成一个完整的机器视觉系统，用于处理视觉问题。不管叫机器视觉还是计算机视觉，其核心都是视觉图像处理。机器视觉是人工智能的一个分支，随着人工智能技术的进步，机器视觉技术得到了快速的发展。简单来说，机器视觉是指利用机器来代替人眼进行识别或判断。一套完成的机器视觉系统通常包括光源、镜头、图像传感器（工业相机）、计算机、图像处理系统、运动控制系统以及相关的辅助设备。机器视觉技术是包括多个学科的一种交叉技术，其中涉及数字图像处理、计算机软件、自动控制、光学、机械设计、机电等多方面的知识。

机器视觉系统通过图像传感器采集产品图像，传输到图像处理系统，经过对图像进行处理，提取感兴趣的特征，进而对产品状态进行判断，如测量尺寸、是否存在缺陷、识别产品上的字符等，将结果输出给控制系统，进而指导控制系统执行相应的动作。利用机器视觉系统进行产品的检测、识别、分类等任务，可以避免由于人为因素导致的产品检测误差。同时，机器视觉系统的检测速度快，检测准确可靠，自动化程度高，能有效提高企业的产品质量和生产效率。

1.2 机器视觉的组成

如图 1.1 所示，典型的机器视觉系统一般包括光源、镜头、工业相机、图像处理软件、传感器、通信设备、输入输出单元等。被检测对象（1）在传送带上运动，通过光源（3）对被检测对象进行照明，通过传感器（4）触发相机（2）进行拍照，镜头与相机（2）连为一体，用于调整拍照的焦距，将得到的图像通过接口（6）传输给计算机得到数字图像（7），接口（6）可以是图像采集卡或者像 IEEE1394、USB3.0、网络接口等标准接口。通过图像处理软件（8）对图像进行处理之后，得到结果（9），将结果通过计算机与控制系统接口（10）输出给控制器（11），最后，控制器通过通信接口（12）控制执行机构（13）执行相应的动作。

从图 1.1 可以看出，机器视觉系统包含了多种部件。机器视觉技术是一个多学科交叉的技术。但是，一套完整的机器视觉系统并不是一定需要包括上面所提到的所有硬件设备。在实际应用中，需要根据具体的应用对象和应用要求，对硬件设备进行选择和取舍。

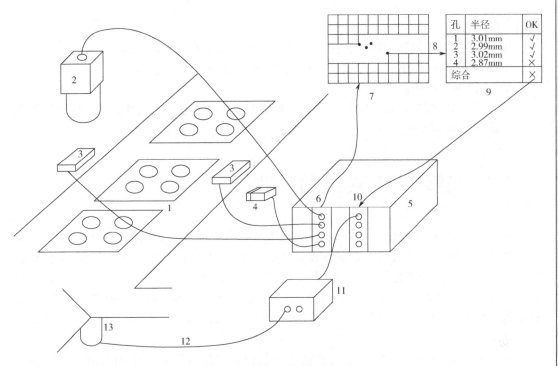

图 1.1 机器视觉系统的组成

1.3 机器视觉系统的特点

机器视觉系统主要功能包括特征检测、缺陷检测、物体定位、目标识别、计数以及运动跟踪等。由于机器视觉系统检测速度快，避免了人为因素的干扰，检测准确稳定可靠，当前，随着计算机软硬件技术的提高以及视觉图像处理算法的不断改进，机器视觉技术得到了极快的发展。目前，已经有不少视觉系统应用在企业生产中，对企业的自动化升级改造起到至关重要的作用。

当前，在企业的自动化生产中，不可避免地会涉及产品检测，如零件表面质量检测，装配完整性检测，尺寸测量，形状检测；食品包装的生产日期字符识别；医药生产中的药品包装检测；饮料生产中的液位检测；机器人自动抓取的位置检测等。通常，由于人眼疲劳以及人为因素可能造成的误差，采用人工完成这些重复性并且检测精度要求很高的工作，需要投入更多的人力成本。而机器视觉有着比人眼更高的分辨精度和速度。此外，在一些特殊场合，如高温环境或核工业生产中，它相对于人工作业具有明显优势。机器视觉系统可以快速获取大量图像信息，并且易于信息加工处理，可以方便与设计信息、生产信息进行集成。在现代化的生产中，尤其是随着人工智能的发展，我们国家提出"智能制造 2025 计划"，为了实现企业的自动化升级改造，在企业智能化升级改造中，融入工业互联网技术，机器视觉在智能制造中以及人工智能技术中具有举足轻重的作用。总结起来，机器视觉系统的主要特点包括：

① 非接触式检测，可以适应各种被测对象，尤其是对柔性产品的检测，对被测对象

的质量没有影响；
② 能够适应各种复杂环境和高危环境，尤其是人工不可到达的场合；
③ 可提高产品检测速度和精度，从而提高生成效率和产品质量；
④ 可提高生产的自动化；
⑤ 易于实现信息集成，是实现智能制造和人工智能的基础性技术，是实现计算机集成和工业互联网的关键技术之一。

1.4 机器视觉系统的应用领域

机器视觉相对于传统的人工具有不可比拟的优势。随着计算机硬件性能的提高，视觉图像处理算法的持续改进，新的图像处理算法的开发，传感器技术的发展，摄像设备的不断进步，当前的机器视觉系统已经能够适应大部分应用场景。当前，机器视觉系统已逐渐成为现代生产中不可或缺的设备。在我国，机器视觉系统也逐渐得到企业的认可，越来越多的企业意识到，机器视觉系统的应用在企业的自动化生产以及智能制造改造中具有至关重要的作用。

在经济发达的国家和地区，机器视觉早已得到广泛应用，其中应用最普遍的是半导体及集成电路制造业。此外，电子生产加工设备也有广泛的应用。当前，机器视觉的应用早已渗透到各个行业，如机械制造加工行业、汽车行业、食品饮料行业、包装行业、医药行业、军工行业等。机器视觉系统在这些行业的应用中占据着举足轻重的地位。

在我国，机器视觉行业属于新兴的领域，各行各业对采用图像和机器视觉技术的工业自动化、智能化需求开始广泛出现。近年来，国内有关大专院校、研究所和企业在图像和机器视觉技术领域进行了积极实践，逐步开始了工业现场的应用。机器视觉技术有着良好的发展前景。

1.4.1 在工业生产中的应用

随着智能制造技术的发展，人们对于机器视觉的认识更加深刻。机器视觉系统提高了生产的自动化程度，让不适合人工作业的危险工作环境变成了可能，让大批量、持续生产变成了现实，大大提高了生产效率和产品精度。机器视觉快速获取信息并自动处理的能力，也同时为工业生产的信息集成提供了方便。随着机器视觉技术成熟与发展，机器视觉已成功地应用于工业生产领域，大幅度地提高了产品的质量和可靠性，保证了生产的速度。

基于机器视觉的图像识别技术，可以快速准确地读取产品中的条形码或二维码信息，为产品追溯提供了更好的方式。视觉检测技术可以替代人工检测准确性低、长时间工作的难点，保证检测准确性，提高整个生产过程的效率。如医药生产企业中，通过视觉进行药品包装检测以确定是否装入正确数量的药粒或药品质量是否有问题。视觉定位技术能够快速准确地找到被测零件并确认其位置。如在半导体封装领域，设备根据机器视觉获取芯片位置信息，准确拾取芯片。在视觉测量中，机器视觉实现非接触测量，同样具有高精度和高速度的性能，非接触消除了接触测量可能造成的损伤隐患。在物体分拣中，通过机器视觉系统对图像进行处理，实现自动分拣。如图1.2所示。

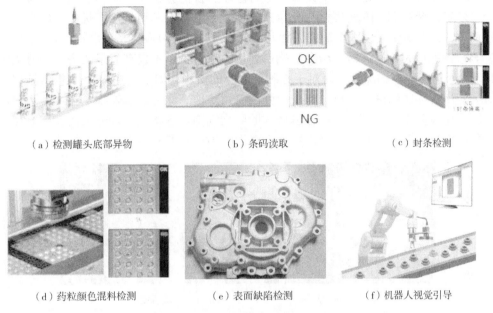

(a) 检测罐头底部异物　　　(b) 条码读取　　　(c) 封条检测

(d) 药粒颜色混料检测　　　(e) 表面缺陷检测　　　(f) 机器人视觉引导

图1.2　机器视觉在工业生产中的应用

1.4.2　在农产品检测中的应用

我国作为一个农业大国，农业生产及其重要，是关系到国计民生的大事。我国的农产品极其丰富，通过将机器视觉技术应用于农业生产和农产品检测中，可以实时监控和指导农业生产，可以实现农产品自动检测分级，实行优质优价，以产生更好的经济效益，其意义十分重大。如在蔬菜和水果等农产品种植过程中，通过视觉检测可以判断蔬菜或水果是否遭受病虫害；在水果采摘中，可以通过视觉识别与定位实现自动采摘；在水果分类中，可以根据颜色、形状、大小等特征参数，实现自动分类；在粮食加工过程中，可以自动检测是否存在杂物；在蔬菜、水果等的分拣过程中，自动判断是否有损坏部分；在养殖业中，自动检测动物的生长情况等，都可以用到机器视觉技术。随着科学技术应用在农业生产中，机器视觉技术在其中扮演着越来越重要的角色。如图1.3所示。

(a) 自动采摘橘子　　　(b) 检测农作物生长　　　(c) 水果缺陷检测

图1.3　机器视觉应用于农业

1.4.3 在医学中的应用

在医学领域，机器视觉可辅助医生进行医学影像的分析，利用视觉数字图像处理技术，对 X 射线透视图、核磁共振图像、CT 图像进行分析；利用数字图像的边缘提取与图像分割技术，自动完成细胞个数的计数与统计。近几年，很多科学家利用深度学习技术，对医学影像进行大数据分析，给医生确诊病例进行参考，不仅节省了人力，而且大大提高准确率和效率。例如深度学习对于脑肿瘤细胞的检测与识别，通过对大量影像的学习，辅助医生对实际病例进行分析，有着很强的应用价值。此外，机器视觉技术还可以广泛用于自动化检测系统，可以直接检测病人的肿瘤细胞，这将大大降低人的操作难度，节省了医疗人员宝贵的时间。所以机器视觉对于医学的发展非常有帮助。如图 1.4 所示。

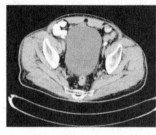
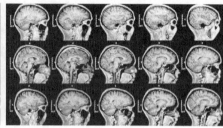

（a）盆腔病变图像　　　　　　（b）医学图像深度学习

图 1.4　利用机器视觉进行医学影像分析

1.4.4 在军工以及制导方面的应用

机器视觉的速度快，精度高，抗干扰能力强，能突破人眼在速度、不可见光范围的极限，提高武器装备信息获取能力的自动化程度，是提高装备智能与自动化水平的关键。在军事领域，机器视觉的应用极为广泛。从遥感测绘、航天航空、武器检测、目标探测到无人机驾驶，到处都有机器视觉技术。如巡航、导弹地形识别、遥控飞行器的引导、目标的识别与制导、地形侦察等。在遥感测绘中，通过运用机器视觉技术分析各种遥感图像，进行卫星图像与地形图校准、自动测绘地图，实现对地面目标的自动识别；在航空航天领域，机器视觉用于飞行器件的检测和维修等。在无人装备中的应用中，应用机器视觉技术实现侦察、自主导航。在武器检测中，运用机器视觉技术进行武器系统瞄准等。如图 1.5 所示。

（a）遥感图像　　　　　　　　（b）制导

图 1.5　机器视觉在军事方面的应用

1.4.5 在其他方面的应用

除了上面提到的应用，在其他方面，也都应用到了机器视觉技术，可以说，机器视觉技术已经渗透到各行各业了。如生态环境的检测、安全检测、影视制作、虚拟环境等。在人们的生活中，也随处可见机器视觉的应用，如利用人脸识别进行移动支付，主要采用视觉图像处理算法；自动停车，也需要采用视觉图像算法对周边环境进行检测；在监控系统中，机器视觉技术用于捕捉突发事件，监控复杂场景，鉴别身份，跟踪可疑目标等；在交通管理系统中，机器视觉技术被用于车辆识别、调度，向交通管理与指挥系统提供相关信息。在海关，应用 X 射线机和机器视觉技术的不开箱货物通关检验，大大提高了通关速度，节约了大量的人力和物力。在自动驾驶汽车上，利用机器视觉技术实现周边环境检测和车道线检测。

我国在 2015 年 5 月提出了《中国制造 2025》，其核心是智能升级。制造业向智能制造发展的产业升级需求越来越多，庞大的市场规模，造就了机器视觉发展的"天时地利人和"。随着人工智能技术和机器视觉技术的发展，各行各业竞相布局人工智能，机器视觉作为人工智能的一个重要分支，必将随着各个产业的发展提供众多机会。

习 题

1.1 什么是机器视觉？
1.2 简述机器视觉的组成。
1.3 机器视觉系统有哪些特点？
1.4 列举几种机器视觉应用的实例。

02

第2章

机器视觉图像采集

在整个机器视觉系统中，图像采集是实现整个视觉系统的基础。图像质量的好坏，关系到机器视觉系统能否成功实施。在图像采集中，涉及的硬件设备主要有光源、镜头和相机。光源照明使得被检测对象的特征清晰可见，光线通过镜头进入相机，在摄像机的芯片上获得清晰的图像，摄像机芯片将图像转换成模拟信号或数字信号，最后，通过摄像机与计算机的接口，将接收的信号放置在计算机内。

2.1 光源

机器视觉中的光源用于对被检测对象进行照明。其目的是为了突出对象的重要特征而抑制不必要的特征。同时，还可以克服环境光对图像采集的影响，降低图像信噪比；降低摄像机对曝光时间的要求，减少摄像机图像采集的时间。通过适当的光源照明设计，可以最大程度将目标与背景分离，降低图像处理的难度，提高系统处理性能，提高系统的稳定性和可靠性。为了选择适当的光源，需要考虑光源与检测对象之间的相互作用，了解光源和被测物的光谱组成。

2.1.1 电磁辐射

光是具有一定波长范围的电磁辐射，人眼可见的光称为可见光，其波长范围为380～780nm。更短的波长称为紫外光，比紫外光波长更短的是 X 射线和伽马射线。比可见光波长更长的称为红外光。比红外线更长的是微波和无线电波。图 2.1 是从紫外线到红外线的电磁波谱。

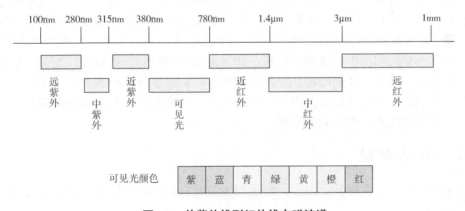

图 2.1 从紫外线到红外线电磁波谱

单色光以其波长表征，对于由多个波长组成的光，通常将其与黑色辐射的光谱进行比较。黑色可以吸收所有照射其表面的电磁辐射。任何物体只有在光照下才呈现一定的颜色。同一物体在颜色不同的光源下呈现着不同的颜色，而在同一光源下的不同物体一般也呈现着不同的颜色。通常物体的颜色是指这种物体在白光下的颜色。

白光是由红、橙、黄、绿、蓝、靛、紫七色光组成的。单色光源只有一种颜色，单色光的波长单一。当白光照射不透明物体时，由于物体对不同波长的光吸收和反射的程度不同,而使物体呈现了不同的颜色。黑色物体对各种波长的光都完全吸收,所以呈现黑色;白色物体对各种波长的光完全反射,所以呈现白色。如果物体吸收某些波长的光,那么这种物体的颜色就由它所反射的光的颜色来决定,即反光物体的颜色是与其选择吸收光成互补色的颜色。图2.2是光的互补色示意图。

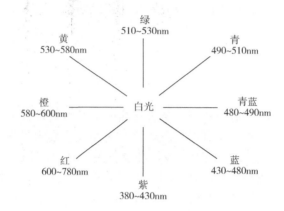

图 2.2 光的互补色示意图

当白光照射透明或部分透明物体时,因其对不同波长的光吸收和透射的程度不同而使物体呈现了不同的透射颜色。如果物体对各种波长的光透过的程度相同,这种物体就是无色透明的;如果只有一部分波长的光透过,其他波长的光被吸收,则物体的颜色就由透过光的颜色来决定,即透光的物体呈现的是与其选择吸收光成互补色的透光颜色。

总之,物体反光和透光所呈现的颜色都是由与物体选择吸收光成互补色的光决定的。如果物体选择吸收的不只是一种颜色的光,那么物体的颜色就将由几种吸收光的互补光复合而成。熟悉电磁波谱和互补色原理,对于光源照明的选择很重要,对于不同颜色背景的物体,才能够选择合适的光源。例如,如果物体是红色,采用白光或红光照射物体,有红光返回,黑白相机中物体将呈白色,如果采用蓝光照射,则没有红光可以反射,物体将会是黑色。基于这样的理论,在拍摄物体时,如果要将某种颜色打成白色,那么就需要使用与此颜色相同或相似的光源(光的波长一样或接近),而如果要打成黑色,则需要选择与目标颜色波长差较大的光源。

2.1.2 光源类型

用于机器视觉的光源种类很多,常见的光源有白炽灯、卤钨灯、氙灯、发光二极管(LED)等。

白炽灯内有细细的灯丝,电流通过灯丝产生光,灯丝采用钨丝制作而成。白炽灯的灯丝温度很高,为了防止高温时钨丝氧化,采用耐热玻璃壳进行封装,并将玻璃壳抽成真空,有时也在玻璃壳内充入不与钨丝产生化学反应的惰性气体,以延长钨丝的使用寿命。卤钨灯是一种改进的白炽灯,这种灯在玻璃壳内冲入一些卤族元素,可以提高灯丝的问题,并且不会使玻璃壳发黑。白炽灯可以工作在低电压下。但是,这种灯发热严重,仅有很少的能量转换为光,而且,其寿命较短,也不能作为闪光灯使用,老化快,现在已经很少用作机器视觉的光源。

氙灯是一种气体放电光源,这种光源利用气体放电原理来发光。氙灯是在密封的玻璃灯泡中冲入氙气,氙气被电离产生高亮的光。氙灯又分为长弧灯、短弧灯和闪光灯。氙灯可做成点亮时间很短的闪光灯,可以达到每秒 200 多次,对于短弧灯,每次点亮时间可以做到 1～20μs,在高速摄像中获得广泛应用。氙灯相对于白炽灯发光效率高,使用寿命长,光色可以适应大范围的变化。但是,这种灯的供电比较复杂,而且价格昂贵,在经过几百万次闪光后会出现老化。与此类似的光源有钠灯、汞灯等。

LED 是一种通过电致发光的半导体,它主要由 P 型和 N 型半导体组合而成。LED 能产生类似于单色光的非常窄的光谱的光,其亮度与通过二极管的电流有关。光的颜色取决于所使用的半导体材料,因此,LED 灯可以制作成各种颜色的光源,除了创建的可见光之外,如红外光、近紫外光也可以通过 LED 实现。LED 光源功率小、发热小、寿命长,可以超过 100000h。而且,LED 响应速度快,可用作闪光灯,几乎没有老化现象,光源亮度稳定并容易调节。此外,LED 可以方便制成各种形状的光源,也可以根据用户需求进行定制。但是,LED 光源也有一定的缺点,主要是 LED 的性能与环境温度有关,环境温度越高,LED 的性能越差,寿命越短。相对于 LED 光源的缺点,其优点更加明显。因此,LED 光源是机器视觉中应用最多的一种光源。下面主要以 LED 光源来介绍光源的形状和打光方式。

2.1.3 光源的形状

为了满足不同机器视觉的应用场景,需要将光源制作成各种不同的形状。常见的有环形光源、条形光源、同轴光源、面光源以及穹顶光源等。

(1) 环形光源

环形光源的 LED 灯珠排列在一个圆环上,根据 LED 发出的光线与摄像机光轴之间的角度,环形光源又分为低角度环形光源和高角度环形光源。常见的角度有 0°、20°、30°、45°、60° 和 90° 环形光源等。一般将小于等于 45° 的称为低角度环形光源,反之称为高角度环形光源,环形光源的角度也可以根据用户需求进行定制。每种角度的照明对不同的目标对象成像效果不同。如 0° 环形光可以用于检测物体表面划痕的照明,90° 环形光可以用于电路板上线路检测的照明。如图 2.3 所示。

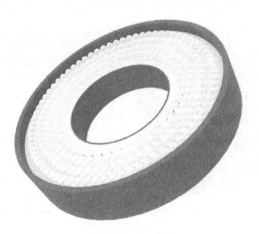

图 2.3 环形光源

（2）条形光源

条形光源由高密度直插式 LED 阵列组成，适合大幅面尺寸检测。通常条形光源成对使用，有时候也单独使用，还可以多个条形光源组合使用。条形光源照射角度也可自由调整，某些情况下可代替环形光源。高亮条形光源的优点是光照均匀度高，亮度高，散热好，产品稳定性高，安装简单，角度随意可调，尺寸设计灵活。条形光源可用于表面裂纹检测、包装破损检测、条码检测等多种场合。如图 2.4 所示。

图 2.4　条形光源

（3）同轴光源

同轴光源有一块 45°的半透半反玻璃。LED 发出的光线，先通过全反射垂直照到被测物体，从被测物体上反射的光线垂直向上穿过半透半反玻璃，进入摄像头，这样就既消除了反光，又避免了图像中产生摄像头的倒影。同轴光源可以消除物体表面不平整引起的阴影，从而减少干扰；部分采用分光镜设计，减少光损失，提高成像清晰度，均匀照射物体表面。同轴光源主要用于检测平整光滑表面并且反射度极高物体的碰伤、划伤、裂纹和异物等。如金属、玻璃、胶片、晶片等表面的划伤检测，芯片和硅晶片的破损检测，MARK 点定位，包装条码识别等。但是，同轴灯只能接收和镜头同轴的光线，因此不能用来检测有弧度的物体。如图 2.5 所示。

图 2.5　同轴光源

(4) 面光源

面光源是一种平面光源,多个灯珠均匀分布在光源底部,在外面放置一个漫反射板,光线经漫反射后在表面形成一片均匀的照射光。面光源的发热量低,光线均匀、柔和、无闪烁。面光源常用于背光照明,可以检测目标对象的外形轮廓、尺寸测量,透明物体的缺陷检测等。如图 2.6 所示。

图 2.6　面光源

(5) 穹顶光源

穹顶光源也称为球积分碗光源、碗光源或 demo 光源。其形状像一个碗,在顶上开有一个孔,相机通常放置在孔上方,光线经过照射物体后,反射光经过孔进入镜头,在摄像机芯片上成像。穹顶光源是一种圆顶无影光源,是漫反射的一种,它通过半球型的内壁多次反射,可以完全消除阴影。穹顶光源主要用于球型或曲面等表面不平物体的检测。如包装袋表面检测,线缆缺陷检测,电子元件外观检测等。如图 2.7 所示。

图 2.7　穹顶光源

除了以上所提到的具有代表性的光源形状之外,还有很多其他种形状,LED 光源可以方便制成各种形状,而且还可以根据客户要求进行定制。各种形状的光源也可以组合使用,以满足特定的视觉检测要求。

2.1.4 光源照明方式

光源是影响机器视觉系统输入的重要因素。照明的目的是使被检测对象的特征凸显出来,抑制非必要的背景。目前还没有一种通用的照明设备,所以,必须针对每个特定的应用来选择相应的照明设备,以达到最佳效果。同时,光源照明的方式不同,得到的图像质量也有很大的区别,即使采用同一种光源,从不同的角度去照射物体,得到的图像也是有很大区别的。为了让目标对象的特征凸显出来,除了考虑光源的形状之外,光源照明的方式也非常重要。从选用的不同类型的光源以及光源的放置位置,可以将光源的照明方式分为直接照明、角度照明、低角度照明、背光照明、散射照明、同轴照明等。

(1)直接照明

直接照明一般适用于0°环形光源、条形光源和面光源,也称为垂直照明。这种照明方式的照射面积大、光照均匀性好,适用于较大面积照明。直接照明的光线直接投射向物体,得到清晰的图像。但是,当被检测对象表面有反光的时候,图像上会出现像镜面的反光现象。直接照明当光线反射后进入照相机,在相机内的成像背景通常为明亮背景,因此,有时候也称这种照明为明场照明。如图2.8所示。

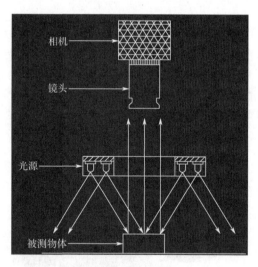

图 2.8　直接照明

(2)角度照明

角度照明通常采用 30°、45°、60°、75°等环形光源。这种照明方式的光线按照一定的角度照射在物体上,结果是倾斜的散光通过镜头进入摄像机,而别的光线不进入摄像机,则在图像上呈现的结果是一个比较暗的背景,而特征则呈现出明亮的特点。该照明方式适用于检测表面瑕疵、凹凸不平等特征。由于在摄像机中观察到的图像背景是黑暗背景,有时也称为暗场照明。如图2.9所示。

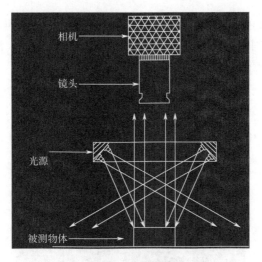

图 2.9　角度照明

(3) 低角度照明

低角度照明方式通常采用 0°～30°范围的环形光源。其照明方式与角度照明类似，只是这种照明方式的角度更低，因此称为低角度照明。这种照明方式能够更加明显地表现物体表面细节的变化，对表面凹凸特征的表现更强，适用于晶片或玻璃基片上的伤痕检查。同样，这种照明方式呈现出来的图像背景也是暗黑背景，因此，也称这种照明为低角度暗场照明。如图 2.10 所示。

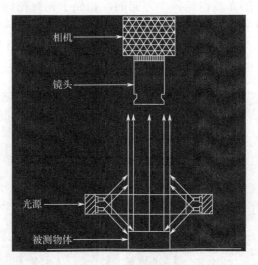

图 2.10　低角度照明

(4) 背光照明

背光照明的物体放置在摄像机和光源之间，从光源发出的光被物体遮挡住一部分，没有被遮挡的光线通过镜头进入摄像机。这种照明方式可以突出显示不透明物体的轮廓，常用于物体的形状检测、尺寸测量等方面。对于有一定高度的被测物，当高角度光线从背光源的边缘发射出时，光源会斜射过被测物体的边缘，然后反射进入镜头。这将使物体被照明，降低了图像的对比度，影响检测结果。因此，背光照明主要用于厚度不大或者是完全没有倒角的物体。而且，为了防止光线斜射进入镜头，通常采用平行光线进行照射，有时，在光源前面安装漫反射板以增加光线的均匀性。

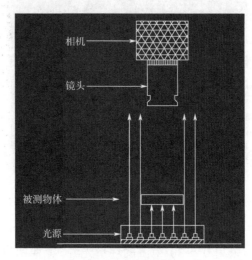

图 2.11 背光照明

（5）散射照明

散射照明是一种多角度照明，也称为漫散光照明。这种照明方式的光线从各个角度照射向物体，进入镜头的光线也是各个方向的，相当于光线在物体表面形成漫反射。这种照明方式可以消除反射光引起的反射斑。常采用穹顶光源作为照射光源。有的穹顶光源的光线从内壁曲面上直接照射物体［图 2.12（a）］，有的 LED 灯珠安装在穹顶光源的底面，光线照射到内壁曲面，再反射照射到物体上［图 2.12（b）］。

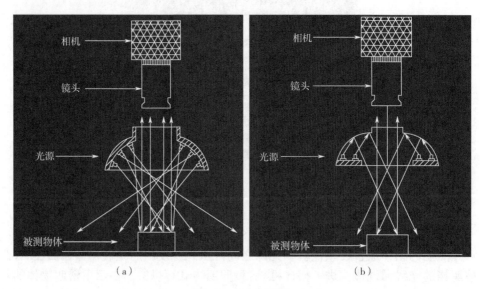

图 2.12 散射照明

（6）同轴照明

同轴照明类似于平行光的应用，这种照明方式通常采用同轴光源。同轴光源的 LED 灯珠安装在一侧，中间有一块 45°的半透半反玻璃。LED 发出的光线，先通过全反射垂直照到被测物体，从被测物体上反射的光线垂直向上穿过半透半反玻璃，进入摄像头，这样就既消除了反光，又避免了图像中产生摄像头的倒影。这种照明方式主要用于检测如玻璃这种反光程度很厉害的平面物体。如图 2.13 所示。

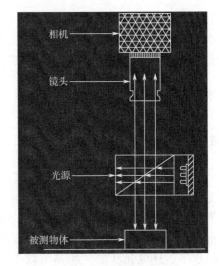

图 2.13　同轴照明

光源在机器视觉中非常重要，好的光源和照明方式是得到清晰特征的图像的基础，是保证机器视觉系统成功实施的基础。除了上面介绍的几种常见照明方式之外，还有其他一些照明方式，如结构光照明、频闪光照明等。在机器视觉中，各种光源类型与照明方式的选择是根据实际检测对象的不同而不同的，有时候可能需要多种光源以及照明方式进行组合。因此，在实际使用过程中，需要根据检测对象进行分析。此外，环境光的改变将影响光源照射到物体上的总光能，令图像质量发生变化，导致图像处理困难，一般可采用加防护罩的方法减少环境光的影响。

2.2　镜头

镜头（见图 2.14）是机器视觉中用于成像的重要部件，如果没有镜头，光线进入摄像机是无法成像的。镜头内部由多个透镜组成，外部有可以调节光源和焦距的调节环。镜头成像的原理即凸透镜成像原理，如图 2.15 所示。与镜头相关的参数主要是焦距、光圈。

图 2.14　镜头

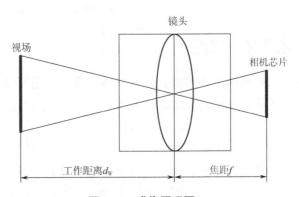

图 2.15　成像原理图

2.2.1　焦距

镜头的焦距是非常重要的参数，镜头焦距与视场大小和摄像机芯片大小关系如图

2.16 所示，设拍摄的视场大小为 FOV，通常视场和摄像机芯片为一个矩形区域大小，设水平方向视场大小为 FOV_H，竖直方向视场大小为 FOV_V，摄像机芯片水平方向为 S_H，垂直方向为 S_V，工作距离为 d_w，焦距为 f，则存在以下等比关系：

水平方向
$$\frac{f}{d_w} = \frac{S_H}{FOV_H} \tag{2-1}$$

垂直方向
$$\frac{f}{d_w} = \frac{S_V}{FOV_V} \tag{2-2}$$

从式（2-1）和式（2-2）可以看出，当焦距增大时，如果工作距离和视场大小不发生变化，则芯片尺寸将增大。式（2-1）和式（2-2）中，任意确定三个值，就可以计算出第四个值。在实际应用中，摄像机的安装位置确定好之后，工作距离就确定了，视场大小根据检测对象来确定。因此，只要选定了摄像机或镜头中的其中一个，另一个也就可以确定了。通常镜头的焦距是可以手动调节的，所以，可以根据检测对象的精度要求，确定摄像机的选型，从而确定镜头的选型。镜头的像面尺寸需要大于等于摄像机的芯片尺寸，这样可以保证芯片上的成像在四周不会出现空白的情况。

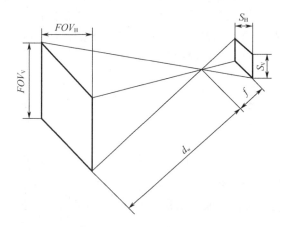

图 2.16 焦距、视场与芯片大小关系示意图

2.2.2 光圈

光圈用于调节进入镜头的进光量。光圈用字符 F 表示，称为 F 数。F 数与镜头的焦距 f 以及入射光瞳直径 D 有关。

$$F = \frac{f}{D} \tag{2-3}$$

可以简单地将入射光瞳直径理解为光线进入镜头的直径大小，即镜头的有效直径。在焦距一定的条件下，将 F 数增大，则对应的入射光瞳直径变小，进入镜头的光线就变少。常用 F 数有 $F1.4$，$F2.0$，$F2.8$，$F4.0$，$F5.6$，$F8.0$，$F11$，$F16$，$F22$ 等。F 数系列是一个等比数列，公比为 $\sqrt{2}$，数值越小，光圈越大。光圈的作用在于决定镜头的进光量，光圈越大，进光量越多；反之，则越小。在摄像机曝光时间不变的情况下，光圈越大，进光量越多，画面越亮；光圈越小，画面越暗。如图 2.17 所示。

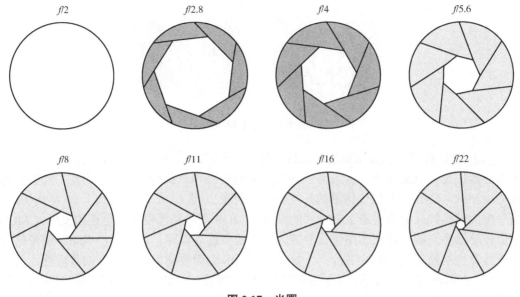

图 2.17 光圈

2.2.3 其他镜头参数

除了焦距和光圈这两个可以直接调整的镜头参数之外，与镜头相关的参数还有景深、放大倍率、数值孔径以及分辨率等。景深的大小决定了在焦距前后能够呈现清晰图像的距离；放大倍率也称光学倍率，是指成像大小与物体尺寸的比值；数值孔径是一个无量纲的数，用以衡量该系统能够收集的光的角度范围；镜头的分辨率与摄像机的分辨率不同，镜头分辨率是指在成像平面上 1mm 间距内能分辨开的黑白相间的线条对数，单位是"线对/毫米"（lp/mm，line-pairs/mm）。

对于机器视觉系统而言，图像是最重要的信息来源，而镜头的性能也决定了图像的质量。通常，很难用软件算法来改变图像质量。因此，在进行机器视觉系统设计的时候，首先考虑从硬件上保证图像质量。

2.3 摄像机

摄像头在机器视觉中习惯称为相机，相对于民用相机，工业用相机主要追求性能稳定，要求能长时间稳定运行。此外，工业相机的主要特点之一是能够连续快速地采集图像，它是一个光电转换装置，即将图像传感器所接受到的光学信号，转化为计算机能处理的数字信号。光电转换器件是构成相机的核心部件。目前，绝大部分光电转换器件为 CCD 和 CMOS 图像传感器，因此对应的相机也称为 CCD 相机和 CMOS 相机，如图 2.18 所示。从相机传感器采集图像的方式，又可以分为面阵相机和线阵相机。面阵相机每次采集的图像数据为一个矩形平面，而线阵相机每次采集的图像数据为一条直线形状，线阵相机的采图需要配合运动平台才能完整地采集整个检测对象的图像。两种图像采集方式各自有自己的适应场合。

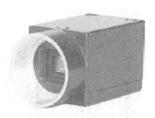

图 2.18　工业相机

　　CCD 是目前机器视觉常用的图像传感器。它最突出的特点是以电荷为信号，而不同于其他器件是以电流或者电压为信号。CCD 相机受噪声干扰较小，在早期是主要的机器视觉用相机。CMOS 图像传感器的开发最早出现在 20 世纪 70 年代。到了 90 年代初期，随着超大规模集成电路制造工艺技术的发展，CMOS 图像传感器得到迅速的发展。CMOS 图像传感器将光敏元阵列、图像信号放大器、信号读取电路、模数转换电路、图像信号处理器及控制器集成在一块芯片上。目前，CMOS 图像传感器以其良好的集成性、低功耗、宽动态范围和输出图像几乎无拖影等特点而得到越来越广泛的应用。对于相机而言，机器视觉中比较关心的相机参数主要有芯片尺寸、相机分辨率、帧率或行频（线阵相机）以及曝光时间等。目前机器视觉中还是主要以 CCD 相机为主，因此，在此以 CCD 面阵相机为例，对相机的部分参数进行说明。

2.3.1　CCD芯片尺寸

　　在机器视觉用相机中，相机芯片的尺寸用英寸（″）来表示。与工业上代表的长度不同，业界通用 CCD 芯片尺寸的规范为，1″表示芯片对角线的长度为 16mm 的矩形形状的面积，并且其芯片的长宽与对角线形成的直角三角形的三条边的比例是 4∶3∶5。因此，由勾股定理可知，只要给定该三角形最长一边的长度，就可以计算芯片的长宽尺寸。

　　例：1″代表对角线长度为 16mm，由比例 4∶3∶5 可以算出，相机芯片的长宽分别为 12.8mm 和 9.6mm。

　　假设芯片大小为 1/4″，可知对角线长度为 16/4=4mm，同理，按照比例 4∶3∶5，可以计算出，其长宽分别为 3.2mm 和 2.4mm。图 2.19 是常用芯片尺寸。计算结果通常保留一位小数。但是对角线的长度采用向上取整的方式计算，例如：对于 1/3″的芯片对角线长度为 16÷3≈5.3，采用向上取整，所以对角线长度为 6。

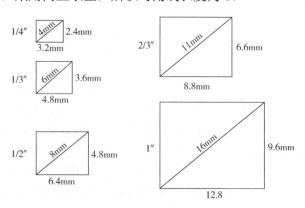

图 2.19　CCD 芯片尺寸

CCD 芯片中，图像传感器的单个像素越大，捕捉光线的能力就越好。图像传感器面积越大，能容纳感光元件越多，捕获的光子越多，感光性能越好，从而信噪比越低，成像效果越好，图像更加细腻、层次更加丰富、色彩还原更加真实。在相同条件下，图像传感器面积越大，就能记录更多的图像细节，而且各像素间的干扰也小，可以更加胜任弱光条件下的感光，这在特殊恶劣环境下会有很大用处。但是，图像传感器的面积越大，其成本也就越高。因此，为了获得更好的成像效果，又不想提高太多成本，通常是在 CCD 芯片尺寸不变甚至减小的前提下，尽量增加像素传感器的数量。但是，CCD 尺寸不变，增加像素就意味着单个像素的感光面积要缩小，单个像素捕捉光线能力下降，从而会引发噪声增加、色彩还原不良、动态范围减小等问题。因此，同样是 200 万像素的工业相机，CCD 芯片尺寸是 1/2″的比 1/3″的成像质量更好。

2.3.2 分辨率

分辨率是指相机每次采集图像的像素点数（Pixels），对于工业数字相机而言，一般是直接与传感器的像元数对应，也是相机的有效像素的数量。分辨率通常用宽×高的方式表示，如 1280×960，表示芯片水平方向有 1280 个像元，垂直方向有 960 个像元，对应采集的图像大小也是 1280×960。分辨率与相机芯片大小以及单个像元尺寸的关系是单个像元尺寸等于芯片大小除以分辨率的大小。

例如，假设对于 1/3″的芯片尺寸，分辨率或有效像素为 1280×960，则可以计算其芯片长宽以及单个像元的尺寸

芯片对角线长度：　　16÷3=6（mm）（向上取整）
芯片长度方向：　　　6×4÷5=4.8（mm）
芯片宽度方向：　　　6×3÷5=3.6（mm）
水平方向像元尺寸：　4.8÷1280=3.75（μm）
垂直方向像元尺寸：　3.6÷960=3.75（μm）

单个像元尺寸通常是正方形，所以不管从水平方向还是垂直方向来计算，其结果是一样的。

分辨率的高低也说明了采集的图像的像素数量，分辨率越高，得到的图像像素数量越多，越能够反映图像的细节特征。但是，更高的分辨率带来更大的图像处理算法计算量，计算更加耗时。例如，对于 1280×960 大小的分辨率，遍历一遍图像需要约 122 万次计算，如果分辨率提高为 2448×2048，则遍历一次需要约 500 万次计算，提高了约四倍计算量。因此，并不是分辨率越高越好，在机器视觉中，应根据实际需求，选择能满足检测要求的最小分辨率的相机是最好的，而不是为了追求更好的图像细节而选择高分辨率的相机。

2.3.3 帧率与曝光时间

帧率是指相机采集传输图像的速率，对于面阵相机，一般为每秒采集的帧数，一帧就是一幅图像，而对于线阵相机为每秒采集的行数，称为行频。相机的帧率决定了相机采集图像的速度，也决定着设备的检测效率。但是，相机图像采集速度并不完全由帧率决定，通常相机的曝光时间也要影响图像的采集速度，曝光时间是指从相机快门打开到

关闭的时间间隔。相机的帧率和曝光时间之间有一定关系。如果曝光时间过长，则图像的采集时间就会增加，帧率也相应地下降了。

在机器视觉系统的应用上，通常是在线检测，检测对象所在的运动线体的速度通常比较快。因此，工业相机需要适应快速采集图像数据进行分析和处理，并输出处理结果。如果相机的帧率跟不上线体运动速度，则无法准确采集图像数据。同时，相机的曝光时间也会影响相机的采集速度。曝光时间越长，图像采集速度越慢；反之，采集速度越快。但是，曝光时间太短，图像可能出现曝光不足，则影响图像质量。曝光时间太长，除了图像采集时间增长之外，还可能出现曝光过度，也将影响图像质量。因此，在实际应用中，需要合理选择相机的帧率和设置相机的曝光时间。通常相机的帧率设置尽量大一些，而相机的曝光时间会设置为很短，曝光时间太短可能导致出现图像曝光不足情况，可以通过补光来增加光线通过镜头进入摄像机的进光量，这也是为什么要在机器视觉系统中增加光源的一个重要原因。

2.3.4 其他摄像机参数

除了上面所提到的摄像机参数之外，还有很多与其相关的参数。如像素深度、光谱响应特性等。像素深度即每个像素数据的位数，对于黑白摄像机，每个像素采用 8 位进行存储，图像为灰度图，对于彩色相机，每个像素采用 24 位进行存储，图像通常为 RGB 彩色图像。光谱响应特性指该像元传感器对不同光波的敏感特性，一般响应范围是 350~1000nm。此外，摄像机的数据传输接口类型，摄像机与镜头的接口类型也是需要关注的参数。摄像机的接口类型通常是 IEEE1394、USB3.0、网络接口等标准接口。数据传输接口类型也确定了与计算机的连接方式。摄像机与镜头之间的连接方式常用的有 C 型接口、CS 型接口、M 型接口、F 型接口等。通常摄像机与镜头的接口类型需要保持一致，才能够保证两者之间可以连接进行采图，但是 C 型和 CS 型接口之间可以通过增加转接环的方式实现连接。

在机器视觉系统中，图像采集处于视觉系统的最前端，图像质量的好坏直接关系到视觉系统能够成功。在图像采集中，需要光源、镜头以及相机三者相互配合。首先需要在硬件选型方面，确保能够拍摄出特征明显的图像；其次，光源与镜头和相机之间的安装位置也相当重要，不同的安装角度也决定了拍摄图像的质量。机器视觉系统把光学部件和成像器件结合在一起，并通过计算机对被测对象进行检测。机器视觉系统的检测速度通常能做到在不降低生产效率的前提下，百分之百地检测生产线上的产品，并能够与统计和控制过程密切结合，实现生产过程的信息化管理和监控。由于越来越多的企业对产品的精度和质量要求也越来越高，以便在当今质量意识很强的市场中更具有竞争力，机器视觉系统的作用显得更加重要。

习　题

2.1 光源在机器视觉中的作用是什么？
2.2 简述光的互补色。
2.3 机器视觉中常用光源类型有哪些？各有什么特点？
2.4 简述 LED 光源的优缺点。

2.5 常用光源的形状有哪些？
2.6 光源照明方式有哪些？每种照明方式有何特点？
2.7 什么是光圈？光圈的作用是什么？常用光圈大小有哪些？
2.8 设 CCD 芯片大小为 2/3″，计算该芯片的长度尺寸。
2.9 设镜头焦距 f=8mm，CCD 芯片大小为 1/2″，工作距离 W_D=50mm，计算水平视野和垂直视野的大小。
2.10 设 CCD 芯片大小为 1/4″，分辨率为 640×480，计算水平方向和垂直方向的像元大小。
2.11 什么是帧率？简述帧率和曝光时间之间的关系。

第3章

03

数字图像处理基础

图像根据记录方式不同，可以分为模拟图像和数字图像两类。模拟图像是直接输入系统，没有经过采样和量化的图像。为了使用计算机来处理图像信息，需要将模拟图像进行数字化处理，变成计算机能够处理的信息，这就是数字图像，数字化过程一般通过采样和量化实现。

3.1 数字图像的表示

数字图像一般经过采样和量化得到。在采样和量化过程中，采样间隔的大小，量化的等级决定了数字图像所保留的信息数量。采样和量化的过程也是得到离散的数字图像的过程。一幅数字图像可以定义为一个离散二维函数 $f(x,y)$，其中，x 和 y 表示图像的空间坐标，坐标 (x,y) 对应的幅值 f 称为该点的像素值。其中，x 和 y 以及幅值 f 都是有限的、离散的数值。对于二维数字图像，也可以采用矩阵的方式进行表示，设图像大小为 $R×C$，其中 R 表示图像的行，C 表示图像的列。式（3-1）是图像的矩阵表示：

$$f(x,y) = \begin{bmatrix} f_{1,1} & f_{1,2} & \cdots & f_{1,C} \\ f_{2,1} & f_{2,2} & \cdots & f_{2,C} \\ \vdots & \vdots & & \vdots \\ f_{R,1} & f_{R,2} & \cdots & f_{R,C} \end{bmatrix} \quad (3\text{-}1)$$

式（3-1）中，矩阵中的每一个值表示在坐标位置 (x,y) 处的像素值。如 $f_{1,1}$ 表示坐标 $(x,y)=(1,1)$ 处的像素值为 $f_{1,1}$。因此，也可以直接用像素坐标 x-y 的方式表示一幅图像，如图 3.1 所示。如果图像的行数采用 h 表示，代表图像的高度，图像的列数采用 w 表示，代表图像的宽度，一幅图像的大小也可以表示为 $w×h$。图 3.1 中，左上角表示图像的原点，每一个小黑点代表图像的像素值，x 表示图像的列坐标，y 表示图像的行坐标。例如，通常说图像大小 1280×960，即表示图像的宽度 w=1280，高度 h=960，也表示图像的列 C=1280，行 R=960，有时也称为图像的分辨率。同时也说明了图像的像素数量为 1280×960=1228800。

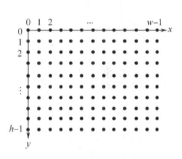

图 3.1 图像的像素表示

3.2 数字图像分类

数字图像中，每一个像素采用量化的具体数字进行表示，数字范围为 0～255。按照图像每个像素在计算机中存储所占的二进制位数可以分为 1 位图像、8 位图像、16 位图像、24 位图像和 32 位图像。通常 1 位图像是单色黑白图像，8 位图像是灰度图像或索引图像，其他的都是彩色图像，只是颜色的数量不同，其中 32 位与 24 位图像的颜色数量一样，多的 8 位用来表示图像的透明度信息。按照图像的强度或颜色等级分类，图像可分为彩色图像、二值图像、灰度图像和索引图像。

3.2.1 彩色图像

彩色图像有多种彩色模式，常见的如 RGB、HSI、HSV、CMY 等，这里只介绍 RGB 模式（见图 3.2）。根据光的三基色原理，光谱上的大多数颜色都可以用红、绿、蓝三种单色加权混合产生。因此，在数字图像中，彩色图像每个像素采用三个数字矩阵来表示。每个数字矩阵分别表示红、绿、蓝三种颜色，数字范围为 0～255。三种数字的不同组合表示不同的颜色。对 16 位图像而言，每个像素占 2 个字节，即 16 位二进制。16 位位图表示位图最多有 2^{16} 种颜色。*RGB* 每个颜色分量所占的位数为 5 位，有一位为空。目前 16 位的彩色图像在机器视觉中已经很少使用。24 位和 32 位彩色图像的颜色数量一样，都是 2^{24} 种颜色。在此以 24 位彩色图像进行说明。这种图像每个像素占 3 个字节，即 24 位二进制。每个 *RGB* 分量分别占 8 位，数字范围从 0～255。每幅图像用 *RGB* 三个数字矩阵表示，如图 3.3 所示。每个像素的颜色由三个数字组成，不同的组合即不同的颜色。

图 3.2 RGB 三基色与混合色

图 3.3 RGB 图像与数字矩阵

3.2.2 二值图像

二值图像中，图像的每个像素只能是黑或白，没有中间的过渡，故又称为黑白图像。二值图像的像素值为 0 或 1。二值图像中，每个像素在计算机中采用 1 位二进制进行存储。如图 3.4（a）表示的图像，如果在 Windows 系统中查看其图像属性，可以看到该图像的位深度为 1，如图 3.5 所示。二值图像也是单色图像。这种图像所占的计算机存储空间最小。

图 3.4 二值图像

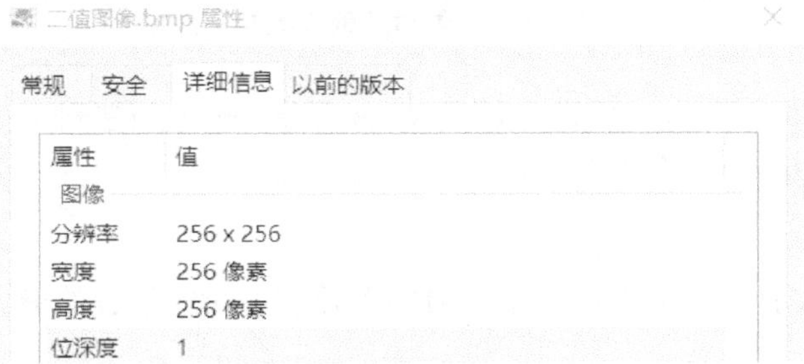

图 3.5 二值图像属性

3.2.3 灰度图像

灰度图像的每个像素由一个量化的灰度值来描述图像，它不包含彩色信息，其灰度值范围为 0～255。图像在计算机中存储的是一个二维矩阵数据，灰度图像只有亮度信息，每个像素值采用 8 位二进制（一个字节）进行存储，亮度级有 256 种，其中，0 表示黑色，255 表示白色，中间的值从小到大是从黑色到白色的过渡。图 3.6 显示了一个灰度值为 100 的像素的存储过程。图 3.7 是灰度图像在计算机中对应的存储数字示例。

在 RGB 三种颜色数字矩阵组成的图像中，如果 RGB 三个分量的值都是 0，图像颜色为黑色，如果都是 255，颜色为白色，如果三个分量的值相等，图像就是灰度图像。因此，灰度图像其实是 RGB 三个颜色分量数字的一种特殊形式。由于数字相等，所以计算机只需要存储其中一个分量的数字就可以了，因此，每个像素只需要 8 位二进制进行存储，这样可以节约图像的存储空间。

灰度图像有很多优点，因为亮度是目前最重要的区别不同对象的视觉特征，利用灰度图像的亮度信息就可以很方便找出不同对象；此外，灰度图像的数据量相对于彩色图像很少，可以加快图像处理算法的运行速度。因此，目前对于大多数机器视觉所处理的图像都是以灰度图像为主。

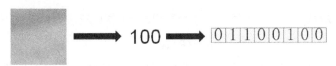

图 3.6 灰度图像的存储方式

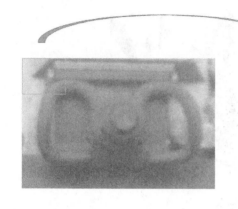

图 3.7 灰度图像对应的二维矩阵数据

彩色图像可以转换成灰度图像，对于 RGB 图像，一般有三种方式将 RGB 图像转换成灰度图像：最大值法、平均值法和加权平均值法。

（1）最大值法

最大值法将 RGB 三个分量中每个分量矩阵数值中对应位置的最大值作为灰度值。即

$$Gray=\max(R,G,B) \qquad (3\text{-}2)$$

式（3-2）中，$Gray$ 为得到的灰度图，R、G、B 为 RGB 彩色图像的三个分量。如图 3.8 所示，图 3.8 是一幅 3×3 的 RGB 彩色图像，采用最大值法进行灰度化的结果。

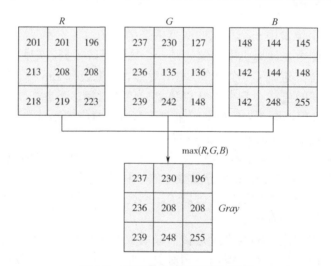

图 3.8 采用最大值法进行灰度化

（2）平均值法

平均值法将 RGB 三个分量中每个分量矩阵数值中对应位置的平均值作为灰度值，即

$$Gray=(R+G+B)/3 \qquad (3\text{-}3)$$

图 3.9 是与图 3.8 相同的 RGB 彩色图像，采用平均值法进行灰度化的结果。

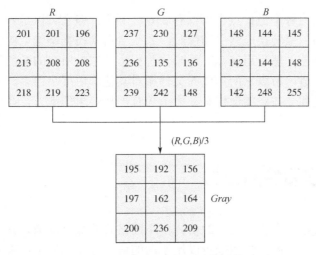

图 3.9 采用平均值法进行灰度化

（3）加权平均值法

加权平均值法将 RGB 三个分量中每个分量矩阵数值中对应位置按照一定的权重求取平均值作为灰度值，一般红色权重 0.299，绿色权重 0.587，蓝色权重 0.114。即

$$Gray=0.299R+0.587G+0.114B \qquad (3-4)$$

图 3.10 是与图 3.8 相同的 RGB 彩色图像，采用加权平均值法进行灰度化的结果。加权平均值法进行灰度化的结果更加符合人眼对颜色的敏感度，在实际中采用最多。

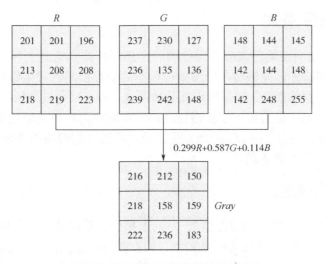

图 3.10 采用加权平均值法进行灰度化

3.2.4 索引图像

索引图像是一种把像素值直接作为 RGB 调色板下标的图像。索引图像可把像素值直接映射为调色板数值。一幅索引图包含一个数据矩阵和一个调色板矩阵。索引图像和灰

度图像较类似，它的每个像素点也可以有 256 种颜色，但它可以是彩色，而且最多只能有 256 种颜色，当图像转换成索引图像时，系统会自动根据图像上的颜色归纳出能代表大多数的 256 种颜色，然后用这 256 种来代替整个图像上所有的颜色信息。索引图像只有一个索引彩色通道，所以它所形成的文件相对其他彩色要小得多。索引图像主要用于网络上的图片传输和一些对图像像素、大小等有严格要求的地方，在机器视觉中，很少采用这种图像。

3.3 数字图像的格式

数字图像格式指图像存储文件的格式。不同格式的数字图像，其压缩方式、存储容量及色彩也有所差异。同一幅图像可以用不同的格式存储，但不同格式所包含的图像信息不完全相同，图像质量和文件大小也不相同。

3.3.1 BMP 格式

BMP 是一种与硬件设备无关的图像文件格式，使用非常广。它采用位映射存储格式，除了图像深度可选以外，不采用其他任何压缩，因此文件所占用的空间很大。BMP 是 Windows 及 OS/2 中的标准图像文件格式，已成为 PC 机 Windows 系统中事实上的工业标准。在 Windows 环境中运行的图形图像软件都支持 BMP 图像格式。BMP 图像格式被机器视觉广泛使用。

3.3.2 JPEG 格式

JPEG 格式是面向连续色调静止图像的一种压缩标准，也是一种常见的图像文件格式，它是有损压缩格式，能够将图像压缩在很小的储存空间，占用磁盘空间少，有损压缩容易造成图像数据的损伤。如果追求高品质图像，不宜采用过高压缩比。JPEG 用有损压缩方式去除冗余的图像数据，在获得极高的压缩率的同时也能展现丰富的图像，而且具有调节图像质量的功能，JPEG 适合于互联网，可减少图像的传输时间。JPEG 格式是目前网络最为适行的图像格式。

3.3.3 PNG 格式

PNG 原名为"可移植性网络图像"，是网上接受的最新图像文件格式。PNG 能够提供长度比 GIF 小 30%的无损压缩图像文件。其设计目的是试图替代 GIF 和 TIFF 文件格式，同时增加一些 GIF 文件格式所不具备的特性。PNG 同时还支持真彩色和灰度级图像的 Alpha 通道透明度。支持图像亮度的 Gamma 校准信息。支持存储附加文本信息，以保留图像名称、作者、版权、创作时间、注释等信息。

3.3.4 GIF 格式

该格式由 Compuserver 公司创建，存储色彩最高只能达到 256 种，仅支持 8 位图像文件。目前几乎所有相关软件都支持它，它可以同时存储若干幅静止图像进而形成连续的动画。公共领域有大量的软件在使用 GIF 图像文件。GIF 图像文件格式已经成为网络图像传输的通用格式，速度要比传输其他图像文件格式快得多，所以经常用于动画、透明图像等。它的最大缺点是最多只能处理 256 种色彩，故不能用于存储真彩色的图像文件。

3.3.5　TIFF 格式

TIFF 格式是由 Aldus 为 Macintosh 机开发的一种图像文件格式，最早流行于 Macintosh，现在 Windows 上主流的图像应用程序都支持该格式。目前，它是 PC 机上使用最广泛的图像格式，大多数扫描仪也都可以输出 TIFF 格式的图像文件。该格式支持的色彩数最高可达 $16×10^6$ 种。其特点是存储的图像质量高，但占用的存储空间也非常大。TIFF 表现图像细微层次的信息较多，有利于原稿阶调与色彩的复制。该格式有压缩和非压缩两种形式，由于 TIFF 独特的可变结构，对 TIFF 文件解压缩非常困难。TIFF 文件被用来存储一些色彩绚丽、构思奇妙的贴图文件。

3.4　数字图像处理的一般步骤和方法

从机器视觉系统实现的结果来看，处理数字图像的目的是从图像中提取出感兴趣的区域，得到感兴趣区域的特征信息，如：缺陷检测，需要得到缺陷的表现形式，根据缺陷的特征输出检测结果；零件尺寸检测，需要得到零件的几何形状如圆、直线、圆弧等，进而得到尺寸信息；产品上的字符识别，需要先将所有字符从图像中分割出来，再经过特征计算和训练，最后通过训练的模型实现字符识别。不管进行何种视觉检测，都是从输入图像开始，经过一系列的运算，最后得到结果输出给控制系统。由于数字图像可能存在噪声，图像的灰度分布不均，光照不均等情况也经常存在，从输入到输出的过程中，需要对图像进行各种处理，才能够得到感兴趣区域的特征信息。

相对于人眼的分辨率，工业相机的分辨率非常低。而且，人类从小开始，眼睛和大脑接收与处理的图像信息非常庞大，人类接收的信息约 70%通过视觉接收，在此过程中，人类通过学习，已经具备了识别各种类型的图像信息的能力。因此，在人眼看来可能很简单的图像，对计算机而言，要提取图像特征信息可能非常困难，如字符识别，由于每种字符都有不同的特点，同一种字符又有不同的书写形式，每个人书写的同一个字符还有不同的形状，而计算机能接受到的信息只有二维矩阵数据。因此，需要通过各种图像处理方法，让计算机能够识别各种图像信息，这个过程是非常复杂的。通常，从输入图像到输出结果这个过程中，需要用到的数字图像处理步骤包括图像预处理，ROI（感兴趣区域）提取，提取特征，计算特征信息，输出结果等过程。在此过程中，每个步骤又需要根据不同的图像选择不同的处理算法。图 3.11 是数字图像处理的一般步骤。在实际应用中，并不是每一步骤都需要，而是根据视觉检测要求，选择适合特定图像的处理方法。

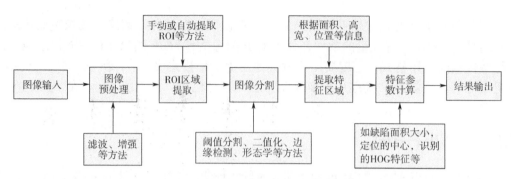

图 3.11 常用数字图像处理的一般步骤

需要注意的是,图 3.11 中,只是说明了机器视觉中数字图像处理的一般步骤,在实际应用中,除了图像输入与特征计算与输出之外,中间的步骤并没有明确的先后顺序,各种方法之间也没有明确的先后顺序。每一种图像都有特殊性,需要根据实际图像来选择相应的方法和步骤。

3.5 图像性质

3.5.1 图像的通道

图像的通道数是指图像中一个像素采用多少个数字进行表示。例如,对于灰度图,每个像素只采用一个数字来表示,因此,灰度图的通道数是 1,称为单通道图像,RGB 图像中每个像素采用三个数字表示,所以 RGB 图像是三通道图像。

3.5.2 图像的分辨率

图像的分辨率有几种表示方式,其中一种图像分辨率是指每英寸上的像素点数量,单位是 PPI(Pixels Per Inch),这种主要是针对平面设计采用的分辨率。对数字图像处理而言,更关心的是图像的像素数量。因此,通常采用水平和垂直方向的像素数量表示分辨率。例如 1280×960,表示这幅图像的分辨率为水平方向 1280 个像素,垂直方向 960 个像素,这也是图像传感器的像元数。如果图像的像素数量不发生变化,即使 PPI 发生了变化,也只是影响图像打印出来的效果,而对于计算机处理的像素并没有改变。而数字图像处理通常不关心打印效果,因此,常采用图像的大小来表示分辨率,如 1280×960 形式。如果没有特别说明,本书以后都采用这种表示方式。

3.5.3 图像的邻域

图像的邻域包括两个方面,一是指与某一个像素相邻的像素,如 4 邻域、8 邻域。4 邻域指与像素上下左右相邻的四个像素点,8 邻域指与像素上下左右以及对角线上 4 个像素组成的邻域。设图像用二维函数 $f(x,y)$ 表示,位置 $(x,y)=(i,j)$ 处的 4 邻域和 8 邻域表示如图 3.12 所示。二是指以某一个像素为中心的一小块图像区域，如 3×3、5×5 邻域。图 3.12（b）整体称为一个 3×3 邻域。像素之间的关系通常与邻域紧密相关。

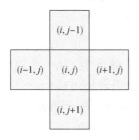

（a）4 邻域　　　　　　　　（b）8 邻域

图 3.12　图像的邻域

3.5.4　图像的连通域

图像的连通域通常体现在二值图像，这种图像只有黑白两个灰度级。从图像上看，彼此连通的像素点形成了一个区域，而不连通的点形成了不同的区域。这样的一个所有的点彼此连通点构成的集合，称为一个连通区域。图像的连通域是对图像进行一系列图像算法处理的结果。图 3.13 是图像的连通域示意图。图中，每一块白色区域构成一个连通域。

图 3.13　图像的连通域示意图

3.5.5　像素之间的距离

图像中的距离常用来衡量两幅图像的相似度。像素之间的距离是指两个像素点之间的距离。图像中距离的度量方式有很多种，如欧几里得距离、曼哈顿距离、契比雪夫距离、汉明距离、马氏距离、闵可夫斯基距离等，这里只介绍几种常用的欧几里得距离、曼哈顿距离、契比雪夫距离。

（1）欧几里得距离

欧几里得距离也称欧式距离，是两点之间的直线距离。图像上两点的欧氏距离就是像素点的二维坐标点之间的直线距离。设图像上两点的坐标分别为 $P_1(x_1,y_1)$ 和 $P_2(x_2,y_2)$，则欧式距离的计算如式（3-5）所示。图 3.14 中，双点画线即为图像中两点之间的欧氏距离。

$$D(P_1,P_2) = \sqrt{(x_1-x_2)^2 + (y_1-y_2)^2} \qquad (3-5)$$

（2）曼哈顿距离

曼哈顿距离也称为城市街区距离。假想在一个城市中，从一个路口走向另一个路口，街道都是直线，街道两旁都是建筑物，因此，只能沿着街道从一个路口走向另一个路口，走过的距离就称为曼哈顿距离。如图 3.14 中的虚线条所示即为点 $P_1(x_1,y_1)$ 和 $P_2(x_2,y_2)$ 之间的曼哈顿距离。因此，曼哈顿距离的计算如式（3-6）所示。

$$D(P_1,P_2) = |x_1-x_2| + |y_1-y_2| \qquad (3-6)$$

（3）契比雪夫距离

契比雪夫距离的定义如式（3-7）。假设从一个像素点到其 8 邻域中的任意一个点的距离为 1，契比雪夫距离即为按照这种方式计算的从一个像素点到另一个像素点的最短距离。如图 3.14 所示，点 $P_1(x_1,y_1)$ 和 $P_2(x_2,y_2)$ 之间的契比雪夫距离为 4。

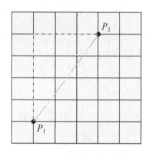

图 3.14　图像中的距离

$$D(P_1,P_2) = \max(|x_1-x_2|,|y_1-y_2|) \qquad (3-7)$$

3.5.6　图像直方图

图像直方图用于统计图像中每个像素值出现的频率。以灰度图像为例，灰度图的像素值为 0~255，直方图即每个灰度级像素值出现的频率。直方图有绝对直方图和相对直方图两种，绝对直方图统计每个灰度级在图像中的像素数量，相对直方图统计每个灰度级的像素数量占图像总像素数量的百分比。图 3.15（b）即为图 3.15（a）图像的绝对直方图。直方图在二维坐标系中进行绘制，其中，横坐标表示图像的灰度级，纵坐标表示每种灰度级出现的频率。

（a）灰度图像

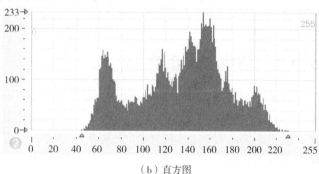
（b）直方图

图 3.15　图像直方图

如果是多通道图像，如 RGB 图像，直方图通常分别统计每个通道上的像素值出现的频率。设图像中的总像素数量为 n，像素值为 k 的数量为 n_k，对图像中的任意一个通道而言，k 的取值范围是[0,255]。因此，绝对直方图可以表示为包含 256 个元素的一维向量：

$$H_a = [n_0, n_1, n_2, \cdots, n_{255}] \tag{3-8}$$

如果采用相对直方图表示，每个像素值的数量表示出现的概率：

$$p_k = \frac{n_k}{n} \tag{3-9}$$

同样，相对直方图也是一个包含 256 个元素的一维向量，如式（3-10）所示，并且满足式（3-11）的关系。

$$H_r = [p_0, p_1, p_2, \cdots, p_{255}] \tag{3-10}$$

$$\sum_{k=1}^{255} p_k = 1 \tag{3-11}$$

直方图具有以下性质：
① 直方图只含图像各灰度值像素出现的概率，而无位置信息；
② 图像与直方图之间是多对一的映射关系；
③ 图像各子区的直方图之和就等于该图像全图的直方图。

直方图作为一种统计信息，可以作为一种特征用来表示原始图像，从而利用直方图特征实现图像分类。例如，对于人脸识别，可以将每张人脸图像表示为一个直方图，即一个包含 256 个元素的一维向量。通过计算两个向量之间的距离来判断是否是同一张人脸图像。但是，一幅图像对应唯一的直方图，而同一个直方图可能对应不同的图像。因此，采用这种方式的准确率往往很低，通常需要再辅以其他处理方法才能够提高准确率。此外，直方图也可以作为图像分割的依据，比如，对于某些二值化阈值分割算法，通过判断直方图中波峰波谷的位置，来计算自动分割阈值。

3.5.7　图像中的熵

熵是热力学中表征物质状态的参量之一，一般用符号 S 表示，其物理意义是体系混乱程度的度量。它在控制论、概率论、数论、天体物理、生命科学等领域都有重要应用，在不同的学科中也有引申出的更为具体的定义，是各领域十分重要的参量。克劳德·艾尔伍德·香农（Claude Elwood Shannon）第一次将熵的概念引入到信息论中来。

图像熵也是一种特征统计形式，它反映了图像中平均信息量的多少。图像的一维熵表示图像中灰度分布的聚集特征所包含的信息量。令 p_k 表示图像中灰度值为 k 的像素所占的比例，则定义灰度图像的一维灰度熵为：

$$S_E = -\sum_{k=0}^{255} p(k) \log_2[p(k)] \tag{3-12}$$

一个变量，任意性越大，它的熵就越大。当所有灰度值等概率发生时，熵达到最大值；而当一个灰度值发生的概率为 1，其他灰度值的概率均为 0 时，熵达到最小值 0。

图 3.16 表示两种不同的灰度分布，也是图像的直方图。在图 3.16（a）中，只有一种灰度级，在图 3.16（b）中，表示各种灰度级的分布是均等的。根据式（3-12）可以计算得出，图 3.16（a）中的熵等于 0，而图 3.16（b）中的熵达到最大值。因此图像灰度熵大小也表示图像像素点灰度分布的离散程度。

图 3.16　两种不同的灰度分布示意

图像的熵反映了图像包含的信息量，当图像只包含一个灰度值，此时熵最小且为 0。也说明图像不包含任何目标，信息量为 0，类似于一张空白图。当图像包含多个灰度值时，并且每个灰度值的数量均等，此时熵最大，图像的信息量最大。图像的熵越大，包含的像素灰度越丰富，灰度分布越均匀，图像目标越多，图像信息量越大，反之则反。

图像的一维熵不能反映图像灰度分布的空间特征。为了表征图像的空间特征，可以在一维熵的基础上，进一步引入能够反映灰度分布空间特征的特征量来组成图像的二维熵。

3.5.8　图像中的其他统计特征

除了上面的直方图以及熵信息之外，图像中还有其他很多统计信息，图像数据可以看作是一个二维矩阵。因此，所有与矩阵相关的特征以及计算方法都适用于图像处理。常用的图像统计特征有均值、方差、能量、倾斜度、自相关、协方差、惯性矩等。可以通过图像中的统计特征信息，实现对图像的另一种表达方式，如上面提到的用直方图一维向量表示原始图像，利用新的表达方式实现对图像的分类、缺陷检测等任务。

习　题

3.1　什么是数字图像？数字图像中的坐标原点以及 x 方向和 y 方向是如何规定的？数字图像的表示方式是怎样的？

3.2　什么是图像的通道数？什么是图像的位数？

3.3　什么是彩色图像？常用彩色制式有哪些？

3.4　什么是灰度图？彩色图像转灰度图像有哪些方法？

3.5　什么是二值图像？

3.6　举例说出有哪些数字图像存储格式，至少说出 5 种。

3.7 简述机器视觉中数字图像处理的一般步骤和方法。

3.8 解释图像的分辨率，图像邻域、连通域。

3.9 什么是图像直方图？设图像数据如下面矩阵 A 所示，计算其直方图。

$$A = \begin{bmatrix} 0 & 7 & 2 & 2 & 7 \\ 1 & 0 & 5 & 6 & 4 \\ 1 & 3 & 4 & 5 & 7 \\ 0 & 3 & 5 & 5 & 5 \\ 2 & 2 & 0 & 3 & 5 \end{bmatrix}$$

3.10 什么是图像的熵？

04

第4章

HALCON简介

4.1 HALCON介绍

HALCON 是德国 MVTec 公司开发的机器视觉软件。MVTec 公司位于德国慕尼黑，于 1996 年成立，自成立开始至今，只关注于机器视觉算法与软件的研究与开发，是世界知名的视觉软件开发公司，其发布的 HALCON 软件也是世界知名视觉软件系统。该系统包括了各种图像处理算法。HALCON 源自学术界，它是由一千多个各自独立的函数，以及底层的数据管理核心构成的一套图像处理库，在 HALCON 中这些图像处理函数称为算子。这些算子大部分不是针对特定工作设计的，因此，只要用得到图像处理的地方，就可以用 HALCON 提供的算子进行处理。HALCON 的应用涵盖了几乎所有范围，包括常见的工业应用，也包括医学、遥感探测、监控等各方面的应用。

除了大量的图像处理算子之外，HALCON 还提供了与多种主流相机之间的接口，通过图像获取助手，可以直接从相机获取图像，利用 HALCON 提供的开发环境，快速搭建视觉系统。利用 HALCON 进行视觉系统开发，节约了视觉系统开发成本，缩短了软件开发周期。HALCON 提供的灵活的架构，快速的图像分析处理与应用开发方式，在全球机器视觉领域已经是公认的具有最佳效率的机器视觉软件。

HALCON 支持的操作系统包括 Windows、Linux 和 Mac OS X 等。在 HALCON 中实现的图像处理算法可以方便地导出到多种语言环境中，包括 C，C++，C#，Visual basic 和 Delphi 等。因此，可以快速方便地将图像处理算法集成在各种语言环境中，从而实现整个视觉系统的核心部分。如果按照实现方法分类，HALCON 提供的机器视觉检测方法包括 Blob 分析、边缘提取、定位、条码/二维码识别、字符检测与识别、摄像机标定、手眼标定、二维/三维匹配、几何测量与转换、测量等。如果从算子类型分类，HALCON 提供的算子包括测量、匹配、标定、分类、分割、变换、滤波、心态学、光学字符识别（OCR）、目标检测、三维重构等。在新版本中还加入了深度学习算子。

此外，在 HALCON 中提供了大量的例程供初学者学习使用。这些例程包括了几乎所有机器视觉的应用范围与领域，如图 4.1 所示。学习这些算子需要数字图像处理的基础。

4.2 HALCON界面认识

HALCON 提供了交互式编程界面 HDevelop。安装完 HALCON 之后，点击图标运行 HALCON 软件，出现 HDevelop 界面。界面上各个组成部分如图 4.2 所示。整个 HDevelop 界面主要由菜单栏、工具栏、图形窗口、变量窗口、算子窗口、程序窗口以及信息栏组成。其中，菜单栏提供了 HDevelop 所有的功能命令；工具栏包括常用的快捷命令；图形窗口用于显示程序运行过程中的图像；变量窗口分为两部分，上面部分为程序运行中的图像变量，下面部分为控制变量；算子窗口用于输入算子以及相关的算子参数；程序窗口用于输入程序代码，其中，程序代码可以用户手动输入，也可以通过算子窗口生成；最下面是信息栏，包含如算子运行时间，鼠标在图形窗口上时对应的图像像素值等。

图 4.1 HALCON 提供的使用例程

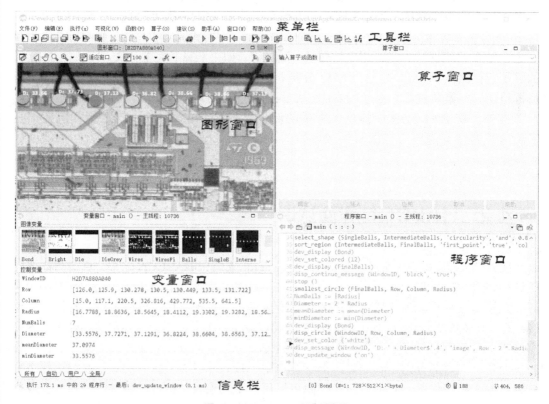

图 4.2 HALCON 运行界面

4.2.1 菜单栏

菜单栏如图 4.3 所示。菜单栏中包括了 HDevelop 所有的功能命令。如图 4.3 所示。

文件(F)　编辑(E)　执行(x)　可视化(V)　函数(P)　算子(O)　建议(S)　助手(A)　窗口(W)　帮助(H)

图 4.3　HDevelop 菜单栏

"文件"菜单提供了新建程序、打开程序、浏览例程、保存程序以及程序导出等功能。

"编辑"菜单提供了程序编辑功能，包括复制、粘贴、删除、参数选择的功能。其中，参数选择包括了用户接口、函数、与程序相关的输入设置、可视化设置以及运行时设置等功能。

"执行"菜单用于执行程序中的一些设置，包括单步执行、运行、断点设置等常用程序执行功能。

"可视化"菜单主要用于图形窗口的可视化显示设置。包括窗体大小、图形尺寸、颜色、线宽、填充方式等。

"函数"菜单可以用于创建自定义的函数以及函数管理等。

"算子"菜单包括了 HALCON 中所有的图像处理算子，同时，可包括了与程序流程控制、窗体显示设置相关的所有算子。"算子"菜单也是 HALCON 最核心的功能所在，熟练掌握该菜单下的各种算子的使用和功能，是应用 HALCON 进行机器视觉的基础。

"建议"菜单可以针对用户上一次的输入算子自动建议下一次应该调用哪一个算子，但是该建议并不是必需的，只是作为输入参考使用。

"助手"菜单包括了图像获取、标定、匹配等功能助手，通过该助手，可以快速实现对应的功能。例如，通过图像获取助手，可以快速设置直接从相机获取图像以及相机相关参数的设置，然后直接生成对应的代码。

"窗口"菜单主要用于管理界面上的子窗口。包括窗口的打开以及窗口排列布局等功能。

"帮助"菜单提供了帮助文档，用户可以通过帮助文档对具体的算子使用方法进行查询。

4.2.2 工具栏

工具栏提供了常用命令的快捷访问方式。工具栏如图 4.4 所示。

文件　　　　　　编辑　　　　　　执行　　　　　　检测工具

图 4.4　工具栏

工具栏提供了四个子工具栏，分别是文件、编辑、执行以及检测工具。其中每个子工具栏包括采用菜单中的主要功能命令。可以用鼠标拖动每个子工具栏进行移动重新布局，也可以将鼠标放在工具栏上点击鼠标右键关闭或打开每个子工具栏。

4.2.3 子窗口

在 HDevelop 主界面上,有四个活动的子窗口,分别是图形窗口、变量窗口、算子窗口和程序窗口,这四个子窗口构成了 HDevelop 主界面的主要操作和观察窗口。

(1) 图形窗口

图形窗口如图 4.5 所示。图形窗口用于图像的显示。图形窗口的最上面有唯一个窗口句柄号,代表唯一的图形窗口。然后是一排操作按钮,可以用设置图像的放大缩小平移等显示方式,还可以直接在图像上绘制 ROI 区域。可以通过鼠标滚轮对图像进行放大缩小操作。鼠标放在图像上并点击鼠标右键,出现与图像操作相关的右键菜单。

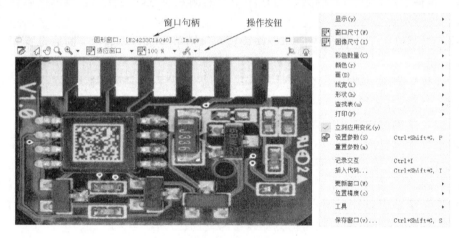

图 4.5 图形窗口

(2) 变量窗口

变量窗口如图 4.6 所示,变量窗口分为两部分,上面是与图像有关的变量,下面是与控制有关的变量。用鼠标双击图像变量,将在图形窗口上显示对应的图像。双击控制变量窗口对应的变量行,会弹出针对该变量的监视对话框。

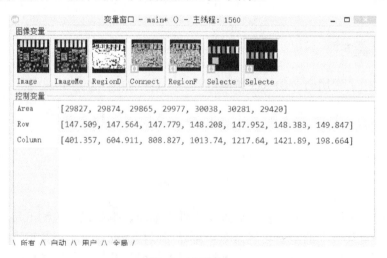

图 4.6 变量窗口

（3）算子窗口

算子窗口如图 4.7 所示。在算子窗口中可以输入算子名称，点击回车键之后弹出该算子需要的输入和输出变量名。

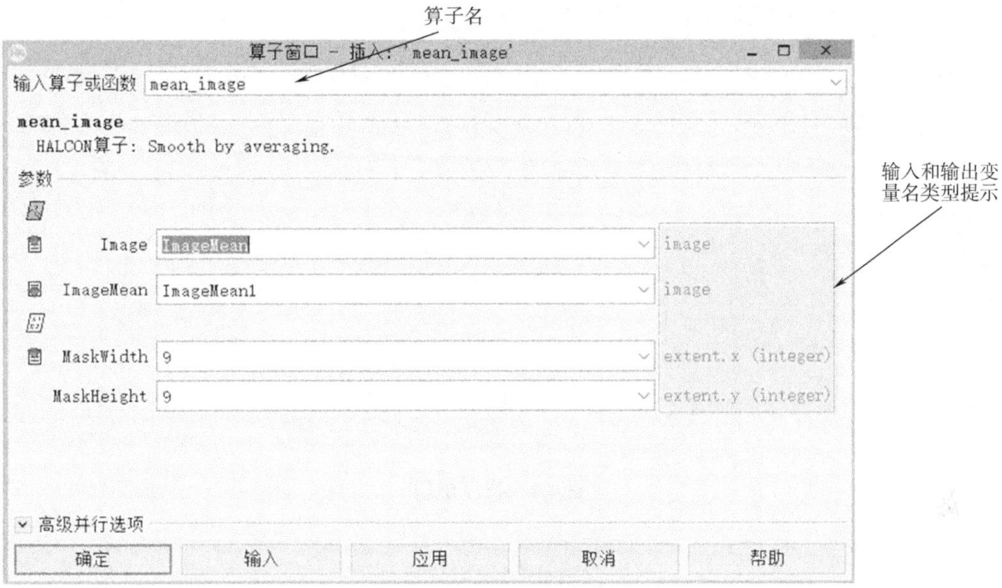

图 4.7　算子窗口

HALCON 中的算子输入形式如下：

算子名称(输入图像变量：输出图像变量：输入控制变量：输出控制变量)。

如 area_center 算子，其形式为：

area_center(Regions:::Area,Row,Column)

如果不需要某个变量，则在两个冒号之间为空。点击算子窗口中的"应用"按钮，可以在图形窗口看到处理结果，点击"确定"或"输入"按钮，将在程序窗口中自动输入该行代码。

（4）程序窗口

程序窗口如图 4.8 所示。程序窗口中的代码可以通过算子窗口生成，也可以直接在程序窗口手动输入。在程序窗口中，绿色的箭头指示输入程序的位置。可以在程序中设置断点，程序在执行到断点的时候会自动停止，点击"运行"按钮后继续从断点开始执行。

程序窗口中的每个程序都有一个函数名。可以通过菜单命令"函数"创建新函数，将新函数插入到当前程序中。在 HDevelop 中，函数有几种类型。可以通过菜单"编辑"→"参数选择"弹出对话框，在对话框中选择左边的"用户接口"，然后选择右边的"程序窗口"，看到在 HALCON 代码中对每种算子、函数或控制语句的颜色设置，从而在程序窗口中根据颜色就可以知道是什么类型的代码。如图 4.9 所示。

图 4.8 程序窗口

图 4.9 程序窗口中的代码颜色设置

4.3 HALCON 的数据类型

HALCON 中的数据类型可以分为两类,一类是与图像有关的数据类型,包括 Image、

Region、XLD等；另一类称为控制参数，包括Tuple元组、Handle句柄以及常规的字符串类型和数值类型。

4.3.1 HALCON的Image图像

Image是HALCON中用于表示图像的数据类型。Image对应各种格式的图像，如BMP、JPG、PNG、TIFF等，也可以直接从相机获取图像数据。如果是从文件中打开图像数据，有三种打开方式：第一种，选择"文件"菜单的"读取图像"菜单；第二种，直接利用算子read_image读取图像；第三种，利用图像获取助手打开图像。不管采用哪种方式，最后都是在程序窗口中表示为一行代码，如read_image（Image,'文件路径+文件名'）的形式。打开图像之后，可以获取图像相关信息，如得到图像的分辨率、通道数等。此外，还可以对图像提取指定通道数据、对图像的颜色空间进行转换以及通道分解与合并等操作。HALCON提供的文件助手还可以一次性打开多个图像文件，通过循环操作实现对多幅图像处理。

例4-1 读取Image图像数据并获取图像信息以及通道分解、合并、彩色模式转换、灰度图转换等操作。

```
*打开图像文件
read_image(Image,'E:/示例/例4-1.bmp')
*得到图像的宽高信息
get_image_size(Image,Width,Height)
*得到图像的数据类型
get_image_type(Image,Type)
*得到图像的通道数，结果在控制变量Channels中
count_channels(Image,Channels)
*将彩色图像分解为多个单通道图像
decompose3(Image,ImageR,ImageG,ImageB)
*将多个单通道图像合并为一个多通道图像
compose3(ImageR,ImageG,ImageB,MultiChannelImage)
*将RGB图像转换成hsv制式图像
trans_from_rgb(ImageR,ImageG,ImageB,ImageH,ImageS,ImageV,'hsv')
*将hsv制式的三个单通道图H、S、V转成RGB格式的R、G、B
trans_to_rgb(ImageH,ImageS,ImageV,R,G,B,'hsv')
*将三个单通道的R、G、B图像合并为一个多通道图像
compose3(R,G,B,MultiChannelImage1)
*从一个多通道图像转换成灰度图像
rgb1_to_gray(MultiChannelImage1,GrayImage)
*将三个单通道图像R、G、B转成一个灰度图像
rgb3_to_gray(R,G,B,ImageGray1)
```

程序运行结果如图4.10所示。

图 4.10　运行结果

例 4-1 中，带"*"的行为注释行。如果要打开文件夹中的图像，可以利用图像获取助手直接打开，代码可以自动生成而不需自己编写代码。

例 4-2　利用图像获取助手打开文件夹中的图像。

第一步，选择菜单"助手"→"打开新的 Image Acquisiton"，弹出打开图像对话框，如图 4.11 所示。

第二步，在对话框中选择"图像文件"，然后选择按钮"选择路径…"。然后，指定图像文件所在的路径，点击"打开"按钮。

第三步，按照图 4.12，选择"代码生成"，点击"插入代码"按钮，则在程序窗口中将自动插入打开文件夹图像的代码。生成的代码如下：

```
*Image Acquisition 01:Code generated by Image Acquisition 01
list_files('E:/examples/images/clips',['files','follow_links'],ImageFiles)
tuple_regexp_select(ImageFiles,['\\.(tif|tiff|gif|bmp|jpg|jpeg|jp2|png|pcx|pgm|ppm|pbm|xwd|ima|hobj)$','ignore_case'],ImageFiles)
for Index:=0 to |ImageFiles|-1 by 1
    read_image(Image,ImageFiles[Index])
  *Image Acquisition 01:Do something
endfor
```

图 4.11　图像获取对话框

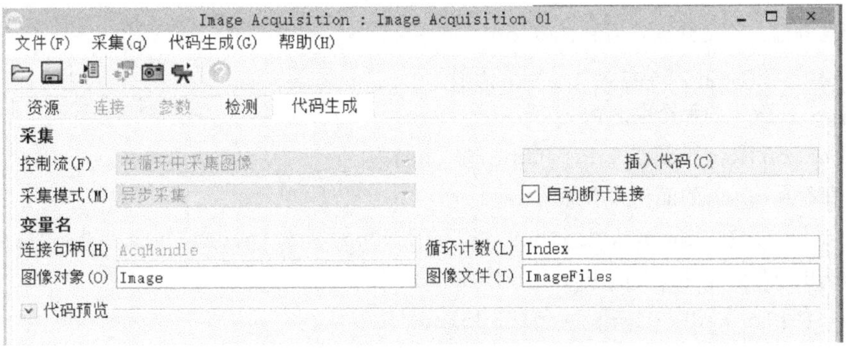

图 4.12 打开文件夹的插入代码对话框

打开文件夹中的图像后，插入代码会自动生成一个 for 循环，依次读取图像并放在图像变量 Image 中，之后就可以对该图像进行操作。

4.3.2 Region 区域

在数字图像处理中，提取感兴趣区域是经常用到的操作。一幅图像中包含某个特征的部分往往只占整幅图像的一部分。如果将整幅图像用于计算，显然比较耗时，如果能够提取感兴趣的部分，将大大简化计算时间。图像特征提取往往只针对某个感兴趣区域。在 HALCON 中，用 Region 来表示图像中的某个区域。Region 可以通过交互式绘制得到，也可以通过图像处理算法自动生成。如二值化算法、区域分割算法等。图像生成 Region 之后，可以只对 Region 部分包含的图像数据进行处理。在 HALCON 中，用类似于游程编码的方式来表示 Region。

Region 是一个几何形状，如点、直线、矩形、圆、椭圆以及任意形状等，而且，绘制的 Region 几何形状的边界可以超越图像边界，但是生成 Region 之后超过图像边界部分自动忽略。Region 之间可以进行交集、并集、补集等操作，每个 Region 区域是用户自定义的或算法自动生成的图像中的连通域。每个 Region 代表一幅图像中的某块子图像。

Region 附带多种图像特征信息，可以通过统计每个 Region 特征信息实现对不同 Region 的区分。在缺陷检测、图像识别等应用中，通过对 Region 的特征进行区分，可以将感兴趣的 Region 提取出来。在 HALCON 中，可以通过特征检测查看 Region 的特征。Region 对应的特征如图 4.13 所示。在 HALCON 中，将 Region 的特征分为三类：基本特征、形状特征和矩特征。利用这些特征信息可以快速过滤掉无用信息，从而准确提取感兴趣区域。

Region 本身并不是一幅独立的图像，通过查看 Region 的大小，可以发现 Region 的大小与原图像一样。但是，可以对 Region 进行操作生成一幅独立的图像，见图 4.14。例 4-3 演示了对 Region 的部分功能进行操作。

例 4-3 对 Region 进行操作示意。

```
*读取图像
read_image(Image,'E:/示例/例4-3.bmp')
*得到图像大小
get_image_size(Image,Width,Height)
```

```
*对图像进行二值化处理，得到Region
threshold(Image,Regions,111,255)
*得到Rgions中的每个联通Region
connection(Regions,ConnectedRegions)
*根据每个Region的面积大小筛选Region
select_shape(ConnectedRegions,SelectedRegions,'area','and',23526.9,50000)
*将筛选出来的每个Region组合成一个Region
union1(SelectedRegions,RegionUnion)
*根据组合后的Region从原图像中取出Region包含的图像
reduce_domain(Image,RegionUnion,ImageReduced)
*得到Region包含的图像的大小，该大小与原图像一样大
get_image_size(ImageReduced,Width1,Height1)
*将Region包含的图像从原图像中单独取出来作为一幅独立的图像
crop_domain(ImageReduced,ImagePart)
*得到取出的图像的大小，该图像大小与原图像不相同
get_image_size(ImagePart,Width2,Height2)
*组合后的Region再次分解为每个连通域Region
connection(RegionUnion,ConnectedRegions1)
*统计每个连通域Region的面积和中心位置
area_center(ConnectedRegions1,Area,Row,Column)
```

- basic
  - area
  - row
  - column
  - width
  - height
  - ratio
  - row1
  - column1
  - row2
  - column2
  - ra
  - rb
  - phi
  - roundness
  - num_sides
  - connect_num
  - holes_num
  - area_holes
  - max_diameter
  - orientation
- shape
  - outer_radius
  - inner_radius
  - inner_width
  - inner_height
  - circularity
  - compactness
  - contlength
  - convexity
  - rectangularity
  - anisometry
  - bulkiness
  - struct_factor
  - dist_mean
  - dist_deviation
  - euler_number
  - rect2_phi
  - rect2_len1
  - rect2_len2
- moments
  - moments_m11
  - moments_m20
  - moments_m02
  - moments_ia
  - moments_ib
  - moments_m11_in···
  - moments_m20_in···
  - moments_m02_in···
  - moments_phi1
  - moments_phi2
  - moments_m21
  - moments_m12
  - moments_m03
  - moments_m30
  - moments_m21_in···
  - moments_m12_in···
  - moments_m03_in···
  - moments_m30_in···
  - moments_i1
  - moments_i2
  - moments_i3
  - moments_i4
  - moments_psi1
  - moments_psi2
  - moments_psi3
  - moments_psi4

图 4.13 Region 的特征类型

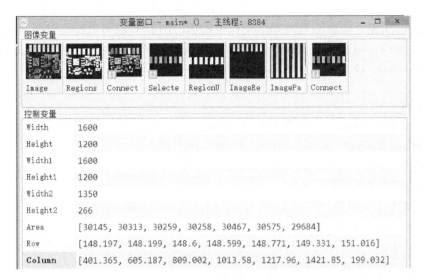

图 4.14 Region 操作结果

例 4-3 中，演示了对 Region 的常用操作，包括利用算法分割出每个 Region，将 Region 进行组合与分解，得到 Region 对应的图像大小，将 Region 从原图像中独立出来，注意控制变量 Width、Height、Width1、Height1、Width2、Height2 的大小。此外，对 Region 的面积特征和位置特征进行了统计。图像变量窗口可以看到每一步操作后图像的影响。

4.3.3　XLD轮廓

可以将 XLD 理解为图像中某个区域的轮廓。在图像处理中，轮廓特征是一个重要特征，轮廓是不同区域之间的边界，通过对轮廓的不同特征的统计，可以区分图像中不同的区域。在 HALCON 中，XLD 代表亚像素精度的轮廓。亚像素精度是指相邻两像素之间的细分情况，通常为二分之一、三分之一或四分之一，这意味着每个像素将被分为更小的单元从而对这些更小的单元实施插值算法。因此，XLD 代表的不是图像中每个像素点，而是亚像素精度的点集。采用亚像素精度表示提高了轮廓表达的精度。

与 Region 类似，XLD 也附带了多种特征，可以利用这些特征信息实现对图像中不同区域的分割。XLD 的特征分为四类：基本特征、形状特征、点特征和矩特征。如图 4.15 所示。

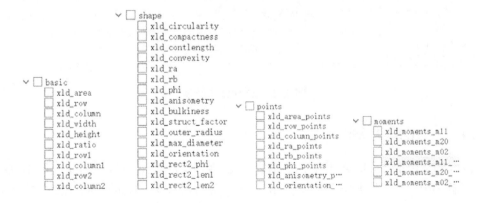

图 4.15　XLD 的特征类型

可以通过图像处理算法直接提取图像中的 XLD 轮廓。也可以提取 Region 的 XLD 轮廓，XLD 轮廓也可以转换成 Region 区域，见图 4.16。例 4-4 演示了对 XLD 的部分操作。

例 4-4 对 XLD 进行操作示意。

```
*读取图像
read_image(Image,'E:/示例/例4-4.bmp')
*以亚像素精度从图像中提取水平交叉点作为XLD轮廓边界
threshold_sub_pix(Image,Border,128)
*计算轮廓边界的面积和中心
area_center_xld(Border,Area,Row,Column,PointOrder)
*利用XLD的面积特征筛选轮廓
select_shape_xld(Border,SelectedXLD,'area','and',25000,100000)
*利用XLD的等效椭圆方向筛选轮廓
select_shape_xld(SelectedXLD,SelectedXLD1,'phi','and',0.8519,2)
*从XLD轮廓生成Region
gen_region_contour_xld(SelectedXLD1,Region,'filled')
*从Region生成XLD轮廓
gen_contour_region_xld(Region,Contours,'border')
*计算XLD轮廓的面积和中心
area_center_xld(SelectedXLD1,Area1,Row1,Column1,PointOrder1)
```

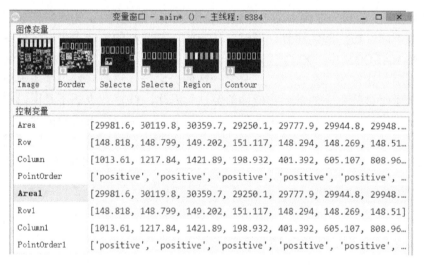

图 4.16　XLD 操作结果

4.3.4　Tuple 元组

HALCON 中的 Tuple 元组与其他语言如 C 语言中的数组类似。因此，可以直接将 Tuple 理解为数组。其数据类型可以是 int、string 等各种类型。Tuple 元组的索引值从 0 开始，最后一个索引是 Tuple 的长度减去 1。Tuple 有多个操作函数，包括基本的数学运算、指数与对数运算、字符串运算、三角函数运算、位运算、比较运算等。

（1）Tuple 的基本操作

Tuple 的基本操作包括元组的定义、赋值以及数据修改、替换、合并等操作。例 4-5 演示了对 Tuple 的常用基本操作。

例 **4-5** Tuple 基本操作。

```
*定义一个空元组
Tuple1:=[]
*将一个Tuple元组赋值给变量
Tuple1:=[1,2,3,4,5,6,7,8,9]
*给Tuple元组指定元素赋值
Tuple1[1]:=0
*批量改变元组元素的值
Tuple1[1,3,5]:='hello'
*批量给Tuple元组赋值,其值为0到100连续数值
Tuple2:=[0:100]
*批量给Tuple元组赋值,其值为1到100连续数值,步长为2
Tuple3:=[1:2:100]
*批量给Tuple元组赋值,其值为100到-100连续数值,步长为-10
Tuple4:=[100:-10:-100]
*对两个Tuple元组进行合并操作
TupleInt1:=[1,2,3,4,5]
TupleInt2:=[6,7,8,9,10]
tuple_union(TupleInt1,TupleInt2,UnionInt)
*对两个Tuple元组进行交集操作
TupleInt3:=[1,2,3,4,5]
TupleInt4:=[3,4,5,6,7]
tuple_intersection(TupleInt3,TupleInt4,IntersectionInt)
*对Tuple元组元素进行替换
OriginalTuple:=[0,1,2,3,4,5]
tuple_replace(OriginalTuple,[0,1],['x','y'],Replaced)
*向Tuple元组插入数值
OriginalTuple:=[0,1,2,3,4,5]
tuple_insert(OriginalTuple,3,'x',InsertSingleValueA)
```

图 4.17 是对元组操作的结果。

（2）Tuple 的数学运算操作

可以对 Tuple 元组进行加减乘除、取相反数、取绝对值、取整、取余数、乘方、取最大值、最小值等数学运算。

```
控制变量
Tuple1              [1, 'hello', 3, 'hello', 5, 'hello', 7, 8, 9]
Tuple2              [0, 1, 2, 3, 4, 5, 6, 7, 8, 9, 10, 11, 12, 13, 14, 15, 16, 17, …
Tuple3              [1, 3, 5, 7, 9, 11, 13, 15, 17, 19, 21, 23, 25, 27, 29, 31, 33,…
Tuple4              [100, 90, 80, 70, 60, 50, 40, 30, 20, 10, 0, -10, -20, -30, -40…
TupleInt1           [1, 2, 3, 4, 5]
TupleInt2           [6, 7, 8, 9, 10]
UnionInt            [1, 2, 3, 4, 5, 6, 7, 8, 9, 10]
TupleInt3           [1, 2, 3, 4, 5]
TupleInt4           [3, 4, 5, 6, 7]
IntersectionInt     [3, 4, 5]
OriginalTuple       [0, 1, 2, 3, 4, 5]
Replaced            ['x', 'y', 2, 3, 4, 5]
InsertSingleValueA  [0, 1, 2, 'x', 3, 4, 5]
```

图 4.17 Tuple 基本操作结果

例 4-6 Tuple 的数学运算示意。

```
*元组加
tuple_add([1,2,3,'1.2'],[4,5,6.0,2.3],Sum1)
tuple_add([1,2],5,Sum2)
*元组减
tuple_sub([5,4],2,Diff)
*元组乘
tuple_mult(2,3,Prod)
*元组除
tuple_div(7,3,Quot)
*取相反数
tuple_neg(-5,Neg)
*取绝对值
tuple_abs(-5.1,Abs)
*取绝对值
tuple_fabs(-5.2,Abs)
*向上取整
tuple_ceil(3.3,Ceil)
*向下取整
tuple_floor(1.59,Floor)
*取余数
tuple_mod(7,3,Mod)
*取整数
tuple_fmod(5.5,6.1,Fmod)
*取两个元组对应元素的最大值
tuple_max2([5,6,'13'],[3,2,'15'],Max)
```

```
*取两个元组对应元素的最小值
tuple_min2([5,6,'13'],[3,2,'15'],Min)
*返回第一个元素到每个索引的累加和
tuple_cumul([1,2,3,4],Cumul)
*乘方
tuple_pow(2,3,Pow)
*均方根
tuple_sqrt(9,Sqrt)
*符号函数
tuple_sgn(4,Sgn)
```

图 4.18 是数学运算的结果。

控制变量	
Sum1	[5, 7, 9.0, '1.22.3']
Sum2	[6, 7]
Diff	[3, 2]
Prod	6
Quot	2
Neg	5
Abs	5.2
Ceil	4.0
Floor	1.0
Mod	1
Fmod	5.5
Max	[5, 6, '15']
Min	[3, 2, '13']
Cumul	[1, 3, 6, 10]
Pow	8.0
Sqrt	3.0
Sgn	1

图 4.18 Tuple 数学运算结果

（3）Tuple 的字符串运算操作

Tuple 字符串操作可以将数字按照指定格式转换成字符串，可以按照一定格式指定字符串的长度，还可以合并字符串等操作。例 4-7 是对字符串操作的部分功能示意。

例 4-7 对 Tuple 字符串进行操作。

```
*数值格式化成字符串
tuple_string(-2,'d',String1)
tuple_string(2,'-10.2f',String2)
tuple_string(2,'.7f',String3)
*字符串格式化，长度10，不足部分前面为空
tuple_string('hello','10s',String4)
```

```
*得到字符串长度
tuple_length(String4,Length)
*字符串格式化，长度10，不足部分前后面为空
tuple_string('world','-10s',String5)
*合并字符串
tuple_union(String4,String5,Union)
*字符串格式化，长度10，取前面三个字符，不足部分后面为空
tuple_string('hello','-10.3s',String6)
```

图 4.19 是对字符串操作的结果。

```
控制变量
String1    '-2'
String2    '2.00      '
String3    '2.0000000'
String4    '     hello'
Length     1
String5    'world     '
Union      ['     hello','world     ']
String6    'hel       '
```

图 4.19 对 Tuple 字符串操作示意

（4）Tuple 的三角函数运算操作

Tuple 的三角函数运算见例 4-8。

例 4-8 Tuple 的三角函数运算示意。

```
*角度制转弧度制
tuple_rad(30,Rad)
*弧度制转角度制
tuple_deg(Rad,Deg)
*弧度制的正弦
tuple_sin(rad(30),Sin)
*弧度制的余弦
tuple_cos(rad(30),Cos)
*弧度制的正切
tuple_tan(rad(45),Tan)
*弧度制的反正弦
tuple_asin(0.5,ASin)
*弧度制的反余弦
tuple_acos(0.5,ACos)
*弧度制的反正切
tuple_atan(1,ATan)
*先计算Y/X的值，然后计算反正切
```

```
tuple_atan2([1,2],[3,4],ATan)
*双曲正弦
tuple_sinh(rad(30),Sinh)
*双曲余弦
tuple_cosh(rad(30),Cosh)
*双曲正切
tuple_tanh(rad(30),Tanh)
```

图 4.20 是运算结果。

```
控制变量
Rad    0.523599
Deg    30.0
Sin    0.5
Cos    0.866025
Tan    1.0
ASin   0.523599
ACos   1.0472
ATan   [0.321751, 0.463648]
Sinh   0.547853
Cosh   1.14024
Tanh   0.480473
```

图 4.20　Tuple 三角函数运算结果

除了以上操作之外，还有很多关于 Tuple 的操作算子，在此不再一一详述。

4.4　HALCON控制语句

与大多数程序语言类似，HALCON 中也提供了用于控制程序执行的控制语句。HALCON 中的控制语句包括 if 条件语句、while 循环语句、for 循环语句、switch 分支条件语句以及中断语句。

4.4.1　if条件语句

在 HALCON 中，if 条件语句有三种形式。

```
(1) if (表达式)
       满足if条件后执行的语句
    endif
(2) if (表达式)
       满足if条件后执行的语句
    else
       不满足if条件后执行的语句
    endif
```

(3) if （表达式）
        满足if条件后执行的语句
    elseif
        不满足if条件后执行的语句
    else
不满足以上条件后执行的语句
    endif

if语句根据判断表达式的值来确定具体执行哪一个分支。

例 4-9 if语句使用示意。

```
a:=2
*如果a大于2，b等于1
if(a>2)
    b:=1
*否则如果a等于2，b等于0
Elseif(a==2)
    b:=0
*否则b等于-1
else
    b:=-1
endif
```

4.4.2 while循环语句

while 语句是循环语句，当 while 语句的条件满足时，执行 while 循环。while 的形式如下：

```
while （条件）
    循环语句
Endwhile
```

例 4-10 while 循环语句示意，计算从 1 到 100 的累加和。

```
*定义初始值a等于1，thesun等于0
a:=1
theSum:=0
*while循环
While(a <=100)
    theSum:=theSum+a
    a:=a+1
endwhile
```

while 执行结果如图 4.21 所示。

控制变量	
a	101
theSum	5050

图 4.21　while 执行结果

4.4.3　for循环语句

for 循环语句是另一种循环语句，通过控制变量的开始值和结束值来实现循环。形式如下：

```
for(index:=start to end by step)
    循环体
endfor
```

例 4-11　利用 for 循环计算从 1 到 100 的累加和。

```
theSum:=0
for Index:=1 to 100 by 1
    theSum:=theSum+Index
endfor
```

for 循环执行结果如图 4.22 所示。

控制变量	
theSum	5050
Index	101

图 4.22　for 循环执行结果

4.4.4　switch分支条件语句

switch 分支条件语句与 if 条件语句类似，当存在多个分支时，可以用 switch 代替 if 语句。switch 分支语句的形式如下：

```
switch (条件)
  case 常量表达式1:
      执行语句1
break
case 常量表达式2:
      执行语句2
      break
      …
```

```
case 常量表达式n:
    执行语句n
    break
default:
    执行语句
Endswitch
```

例 4-12 switch 语句使用示意。

```
a:=2
switch(a)
    case 2:
        b:=1
        break
    case 1:
        b:=0
        break
    case 0:
        b:=-1
        break
    default:
        b:=-2
endswitch
```

执行完上述代码之后，b 的值等于 1。

4.4.5 中断语句

在 HALCON 中，中断语句有两种，一种是 continue，另一种是 break。continue 用于跳出当前循环体余下的语句执行下一次循环；break 用于跳出当前循环或 switch 分支。

例 4-13 continue 和 break 使用示意。

```
theSum:=0
for Index:=1 to 10 by 1
    if(Index==5)
        continue
    elseif(Index==8)
        break
    endif
    theSum:=theSum+Index
endfor
```

上面代码中,当 Index 等于 5 时,跳出本次循环,当 Index 等于 8 时,跳出整个循环,所以只计算了 1+2+3+4+6+7 的累加和。其结果如图 4.23 所示。

```
控制变量
theSum    23
Index     8
```

图 4.23　中断语句使用示意结果

以上各种控制语句也可以结合以及嵌套使用,通过各种组合嵌套使用,实现复杂的程序逻辑控制。

4.5　第一个机器视觉例子

机器视觉利用摄像机拍摄图像,利用图像处理算法提取目标对象,最后将处理结果输出给控制机构。在整个机器视觉系统中,图像处理是其核心部分。在此,以 HALCON 自带的一个例子来说明视觉图像处理过程。该例子是通过图像处理算法来提取回形针的位置和方向。代码中对处理过程有详细的注释,去掉了原例子中不必要的一些设置代码。

例 4-14　提取回形针的位置和方向。

```
*读取图像
read_image(Clip,'E:/示例/clip.png')
*设置颜色
dev_set_color('green')
*一种二值化算法,分割出回形针与背景
binary_threshold(Clip,Dark,'max_separability','dark',UsedThreshold)
*提取每个连通域
connection(Dark,Single)
*根据面积大小过滤无关部分,只保留回形针区域
select_shape(Single,Selected,'area','and',5000,10000)
*计算每个回形针的方向
orientation_region(Selected,Phi)
*计算每个回形针的面积大小和位置
area_center(Selected,Area,Row,Column)
*设置显示样式如线宽、填充样式等
dev_set_line_width(3)
dev_set_draw('margin')
Length:=80
*得到窗体句柄
```

```
dev_get_window(WindowID)
*在窗体上指定位置显示箭头
disp_arrow(WindowID,Row,Column,Row-Length*sin(Phi),Column+Length*cos(Phi),4)
*在窗体上显示每个回形针的角度
disp_message(WindowID,deg(Phi)$'3.1f'+'deg','image',Row,Column-100,'black','false')
```

例4-14中，首先利用二值化算法将回形针与背景区分开来，然后，利用查找连通域算法将每个连通域独立出来。由于图像中可能存在的噪声，在进行图像分割时，不可避免存在不是回形针的区域也被分割出来。因此，在得到每个连通域之后，利用回形针的面积特征，将不在此面积范围内的连通域过滤掉，这样只保留了回形针区域。最后通过计算Region的方向算子和面积中心算子，得到回形针的角度、面积和位置。图4.24是检测结果。其中，图4.24（a）是原图，图4.24（b）是检测结果在图像中的显示。图4.24（c）是实际输出的角度、面积和位置。

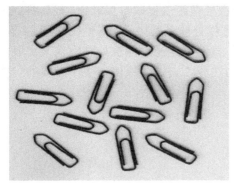

（a）原图　　　　　　　　　　（b）图像显示检测结果

（c）控制变量输出检测结果

图4.24　回形针检测结果

该例子是利用机器视觉进行检测的简单示例，主要说明如何利用机器视觉进行图像检测。通过该例子可以发现，利用视觉进行检测，即采用各种图像处理算法，提取出感兴趣区域的特征信息，根据该特征信息判断目标对象的状态，如位置、大小、方向、是否存在缺陷、在分类问题中判断对象类别等。最后，将判断结果输出给控制执行机构，完成整个机器视觉检测任务。

习 题

4.1 安装 HALCON 软件，熟悉 HALCON 操作界面。
4.2 分别用 for 循环和 while 循环在 HALCON 中编制程序，计算 1+2+3+…100。
4.3 用 HALCON 读取一张彩色图像，将彩色图像转成灰度图像，计算灰度图像的直方图。
4.4 在电脑上指定位置建立一个文件夹，其中放置至少 3 类不同图像格式的图像文件，利用 HALCON 读取文件夹下指定格式的图像文件。
4.5 读取一张灰度图，查看直方图，并利用直方图进行二值化处理，得到 region，查看 region 的特征。
4.6 打开一个 HALCON 的示例程序，运行该程序，查看运行结果。

第5章 图像增强

图像增强不仅指在视觉感官上认为图像的对比度发生了变化，一般改善图像质量而采取的一系列处理算法都称为图像增强算法。如灰度变换、直方图变换、图像平滑以及代数运算等算法。在视觉系统中，图像质量除了通过光源照明来保证之外，在有些情况下，通过算法调整图像质量也是必要的。因为，光源照明无论如何调整都存在光照不均的情况，从而导致图像灰度值在某些区域对比度不够。此外，图像可能存在噪声。图像增强算法通过对图像整体或局部灰度值进行调整，起到提高图像对比度作用，去除图像噪声，突出特征与背景之间的差异化。增强的目标是让图像更加适合于特定应用，因此，不同的应用场景、不同的图像，采用的增强方法是不一样的。换言之，没有针对图像增强的通用理论或算法。图像质量的评定是一种高度主观的过程，在一个特定的机器视觉任务中，最好的增强方法是能让视觉任务最终能够实现的方法。

5.1 灰度变换

灰度变换是一种点对点的变换，这是一种最简单的图像增强算法。设原始图像为 $f(x,y)$，定义一种变换为 T，变换后的图像为 $g(x,y)$。通过变换 T，将原始图像 $f(x,y)$ 中的灰度值映射到新的图像 $g(x,y)$ 中，这种变换可以用式（5-1）表示。

$$g(x,y)=T[f(x,y)] \tag{5-1}$$

常用灰度变换有线性变换、分段线性变换、对数变换以及幂次变换等。

5.1.1 线性变换

线性变换可以表示为式（5-2）。

$$g(x,y)=af(x,y)+b \tag{5-2}$$

线性变换是输出灰度级与输入灰度级呈线性关系的点运算。由直线方程可以知道，这种变换的结果与直线方程的系数 a 以及截距 b 有关。在截距不变的情况下，如果 a 的值大于 0，称为正比变换，如果 a 的值在 (0,1] 之间，输出灰度值被压缩，如果 a 的值大于 1，输出灰度值将增大。如果 a 的值小于 0，称为反比例变换。采用反比例变换的情况下，图像将反转，原来灰度值大的变小，灰度值小的变大。在图像上显示效果为黑色部分变成了白色，而白色部分变成了黑色。在不考虑截距 b 的情况下，线性变换可以用图 5.1 表示。

线性变换中，系数 a 用于控制变换之后的对比度，截距 b 用于控制变换之后的亮度。假设 a 等于 1，在截距 b 增加的情况下，变换后的灰度值统一增加 b，变换后的图像只是看起来比原图像更亮，但是像素之间的大小关系并没有变化，也就是说，图像的对比度没有发生变化。通过调

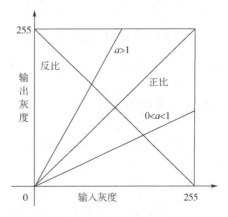

图 5.1 线性变换

节 a 的大小,可以控制图像的对比度变化。比如,当图像整体比较暗时,通过增加 a 的值,从而增加灰度之间的对比度差异,如果此时再增加 b 的值,可以让图像整体变亮的同时,对比度也增大,对突出图像的特征有一定帮助。当需要抑制图像中的灰度值时,则可以采用相反的方式调节 a 和 b 的值。如果 a 等于-1,也就是反比变换,这时也称为图像反转变换,从图像上来看,就是图像上的黑白发生了反转,当图像中的特征出现在比价暗的区域,可以通过这种变换将其变成比较亮的区域。

5.1.2 分段线性变换

分段线性变换其实是线性变换的一种扩展。线性变换是对整幅图像采用同样的线性函数实现的。但是,图像中可能灰度分布不均,而且,感兴趣区域如果分布在比较窄的灰度区间,不利于提取该区域的特征。为了凸显感兴趣区域并且抑制其他区域,可以将图像灰度进行分段,对每一段分别进行线性变换。如果采用三段线性函数进行变换,分段线性变换可以用式(5-3)表示。

$$g(x,y) = \begin{cases} \dfrac{c}{a}f(x,y) & 0 \leqslant f(x,y) \leqslant a \\ \dfrac{d-c}{b-a}[f(x,y)-a]+c & a \leqslant f(x,y) \leqslant b \\ \dfrac{M_g-d}{M_f-b}[f(x,y)-b]+d & b \leqslant f(x,y) \leqslant M_f \end{cases} \quad (5\text{-}3)$$

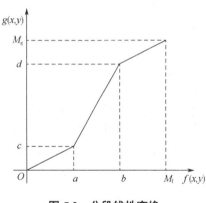

图 5.2 分段线性变换

图 5.2 是分段线性变换的图示表示。从图 5.2 可以看出,输入灰度图像 $f(x,y)$ 的灰度级被分为了三个区间,每个区间分别采用了不同的线性变换,在 $[0,a]$ 区间,输入灰度被抑制,在 $[a,b]$ 区间,输入灰度对比度增大,在 $[b,M_f]$ 区间,输入灰度再次被抑制。通过该分段线性变换,原图像变换为 $g(x,y)$,感兴趣区域的对比度得到了增强。

相对于线性变换而言,分段线性变换可以任意组合,在调整图像对比度方面,分段线性变换的效果更好。但是,分段线性变换的参数较多,需要更多的用户输入。分段线性变换主要用在对比度拉伸方面,通过控制不同灰度级的不同变换函数,达到增强感兴趣区域并且抑制背景区域的目的。

5.1.3 对数变换

对数变换是另一种灰度变换方式,该变换为非线性变换,其一般表达式如式(5-4)所示

$$g(x,y) = c\lg[1+f(x,y)] \quad (5\text{-}4)$$

式(5-4)中,c 是常数,输入图像 $f(x,y)$ 的灰度值是大于 0 的。图 5.3 是对数变换的示意图。

从图 5.3 中可以看出，由于对数曲线在像素值较低的区域斜率大，在像素值较高的区域斜率较小，所以图像经过对数变换后，较暗区域的对比度将有所提升，所以就可以增强图像的暗部细节。

对数变换可以将图像的低灰度值部分扩展，显示出低灰度部分更多的细节，将其高灰度值部分压缩，减少高灰度值部分的细节，从而达到强调图像低灰度部分的目的。

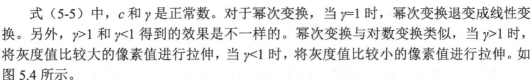

图 5.3 对数变换

5.1.4 幂次变换

幂次变换也称为伽马校正，该变换是一种非线性变换，它的一般形式如式（5-5）所示

$$g(x,y)=cf(x,y)^{\gamma} \tag{5-5}$$

式（5-5）中，c 和 γ 是正常数。对于幂次变换，当 $\gamma=1$ 时，幂次变换退变成线性变换。另外，$\gamma>1$ 和 $\gamma<1$ 得到的效果是不一样的。幂次变换与对数变换类似，当 $\gamma>1$ 时，将灰度值比较大的像素值进行拉伸，当 $\gamma<1$ 时，将灰度值比较小的像素值进行拉伸。如图 5.4 所示。

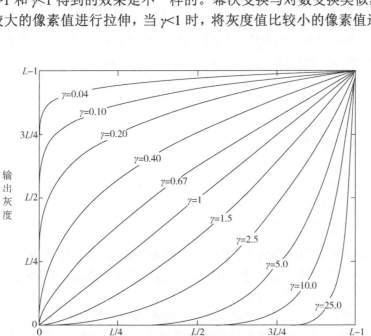

图 5.4 幂次变换

习惯上，将幂次变换中的指数 γ 称为伽马值，在 CRT 显示器中，常采用伽马校正让输出图像接近于原图像。在扫描仪以及打印机中也是类似，唯一不同的地方是采用了不同的 γ 值。采用幂次变换来修正图像的对比度也是常用的方法。

线性变换对图像进行整体灰度变换，可以同时扩大或缩小原图像灰度范围，操作简单，参数少。但是，无法单独抑制某区域灰度的同时增强其他区域的灰度，增强效果有限。分段线性变换可以弥补上述线性变换的缺陷,但是,分段线性变换参数太多,实现不是很方便。对数变换和幂次变换属于非线性变换,只采用一个变换函数,就可以实现对图像不同区域的灰度值抑制或对比度拉伸。此外,指数变换与幂次变换类似,只是两者的自变量不同。在 HALCON 中分别提供了幂次变换算子 pow_image 和指数变换算子 exp_image。同时,HALCON 中也针对伽马变换单独提供了一个算子 gamma_image。

例 5-1　对图像进行灰度变换

```
*读取图像
read_image(Image,'E:/示例/5-1.bmp')
*线性变换, g(x,y)=2*f(x,y)+20, 灰度被拉伸
scale_image(Image,ImageScaled,2,20)
*线性变换, g(x,y)=0.5*f(x,y)+20, 灰度被压缩
scale_image(Image,ImageScaled1,0.5,20)
*图像反转, g(x,y)=-1*f(x,y)+255, 利用线性变换算子实现
scale_image(Image,ImageScaled3,-1,255)
*图像反转,直接用图像反转算子实现
invert_image(Image,ImageInvert)
*取图像中灰度值在[30,70]范围内的像素线性变换到[50,150],与分段线性变换类似
scale_image_range(Image,ImageScaled2,[30,50],[70,150])
*对数变换
log_image(Image,LogImage,'e')
*幂次变换
pow_image(Image,PowImage,2)
*指数变换
exp_image(Image,ExpImage,'e')
*伽马变换
gamma_image(Image,GammaImage,0.416667,0.055,0.0031308,255,'true')
```

图 5.5 是灰度变换的运行结果。对于每一种变换的参数设置,在此只是一个示例,无法说明该参数一定最适合该幅图像。因此,图像采用灰度变换进行增强的效果在此不做讨论。

例 5-1 中,分别实现了以上提到的各种灰度变换。算子 scale_image 设置不同的参数可以分别实现灰度拉伸、压缩以及反转等线性变换。HALCON 还单独提供了图像反转的算子 invert_image。scale_image_range 算子可以实现指定灰度范围的线性变换,可以近似模拟分段线性变换,在 HALCON 中没有单独实现分段线性变换的算子,当然,也可以在 HALCON 中通过编程实现分段线性变换。log_image 用于图像的对数变换,对数的底采用了默认的自然数 e,也可以由用户设定。pow_image 算子用于图像的幂次变换。通过设定不同的幂,可以得到不同的变换结果。

灰度变换是一种简单的点对点变换,除了上面提到的变换方法之外,也可以采用任何数学函数实现灰度变换。

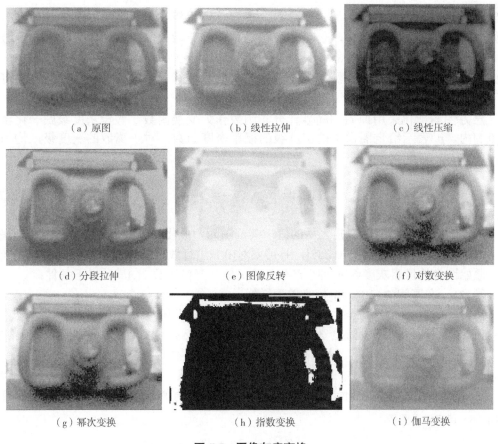

图 5.5 图像灰度变换

5.2 直方图变换

直方图变换常见的方法有两种：直方图均衡化和直方图规定化。直方图变换的思想是通过改变和调整图像的灰度直方图，从而改变图像灰度值的分布关系，从而达到图像增强的目的。

5.2.1 直方图均衡化

直方图均衡化是将原图像通过直方图变换函数修正为均匀的直方图，然后按照均衡直方图来修正原始图像。

在第 3 章 3.5.6 节中提到，图像的相对直方图是图像灰度的概率分布，并且所有灰度的概率之和为 1。设灰度级为 k 的像素点数量为 n_k，图像中所有像素数量为 n，p_k 代表 n_k 在图像中所占有的比例，也就是 n_k 出现的概率。因此有：

$$p_k(n_k) = \frac{n_k}{n} (k = 0,1,2,\cdots,255) \tag{5-6}$$

并且满足式（3-11），即所有的灰度概率分布之和为 1。直方图均衡化背后的基础数学涉及将一个分布映射到另一个分布。也就是说希望在新分布中尽可能均匀地分布原始分布的值。事实证明，映射函数应该是累积分布函数。可以使用累积分布函数将原始分布重新映射到均匀分布，只需在原始分布中查找每个值并查看均衡分布中应该去的位置。对于连续分布，结果将是精确的均衡，但对于数字化离散分布，结果可能远不一致。

直方图均衡化采用原始图的累计分布函数作为变换函数。假设灰度级归一化至范围[0,1]内，p_k表示给定图像中的灰度级的概率密度函数，对于离散的灰度级，均衡化变换为：

$$s_k = T(n_k) = \sum_{j=1}^{k} p_k(n_j) = \sum_{j=1}^{k} \frac{n_j}{n} \tag{5-7}$$

式（5-7）中，s_k表示变换之后的值，其范围为归一化的范围，即[0,1]范围。如果需要将图像的灰度范围扩展到[0,255]，只需要对[0,1]进行线性拉伸即可。通过上述变换，每个原始图像的像素灰度级n_k都会产生一个s值。变换函数$T(.)$满足以下条件：

① $T(n_k)$在区间[0,1]中为单值且单调递增；
② 当n_k在[0, 1]时，$0 \leq T(n_k) \leq 1$，即$T(n_k)$的取值范围与n_k相同。

例 5-2 设一幅图像大小为3×2，灰度值如图5.6所示，求其直方图均衡化变换结果。

200	50	100
50	100	50

图 5.6 待变换原图像

解：①分别计算每个灰度值的概率：

灰度值为50的有三个像素，为100的有两个像素，为200的有一个像素，共有3×2=6的像素，因此，每个像素的概率如下：

$$P_{50}(n_{50})=3/6=1/2$$
$$P_{100}(n_{100})=2/6=1/3$$
$$P_{200}(n_{200})=1/6=1/6$$

② 计算每个灰度值的累计概率分布，根据式(5-7)，像素数量从0累计到50有3个，从0累计到100有5个，从1累计到200有6个，因此，每个灰度值的累计概率有：

$$s_{50}=3/6=0.5$$
$$s_{100}=(3+2)/6=0.83$$
$$s_{200}=(3+2+1)/6=1$$

③ 根据累计概率分布，将原始图像的灰度值映射为新的灰度值：
50：255×0.5=128
100：255×0.83=212
200：255×1=255

由此得到原始图像的直方图均衡化变换结果如图5.7所示。

200	50	100		255	128	212
50	100	50	→	128	212	128

图 5.7 直方图均衡化变换结果

在上面的计算过程中，涉及计算结果为小数部分的，只取两位小数，最后变换后的灰度值通过四舍五入取整。

直方图均衡化可以增加图像的全局对比度，尤其是当图像的有用数据的对比度相当接近的时候，通过这种方法，亮度可以更好地在直方图上分布。这样就可以用于增强局部的对比度而不影响整体的对比度，直方图均衡化通过有效地扩展常用的亮度来实现这种功能。通过直方图均衡化变换，原始图像中直方图分布不均匀的现象，将得到很大的改善，但是，变换后的图像直方图也不是绝对呈均匀分布的。

5.2.2 直方图规定化

直方图规定化又称为直方图匹配。直方图均衡化是直方图规定化的一种特殊形式。在实际应用中，希望能够有目的地增强某个灰度区间的图像，即能够人为地修正直方图的形状，使之与期望的形状相匹配，这就是直方图规定化的基本思想。

直方图规定化按照预先设定的某个形状来调整图像的直方图。直方图规定化是在运用均衡化原理的基础上，通过建立原始图像和期望图像之间的关系，选择性地控制直方图，使原始图像的直方图变成规定的形状，从而弥补直方图均衡化不具备交互作用的特点。

直方图规定化通过一个灰度映射函数，将原灰度直方图改造成所希望的直方图。所以，直方图规定化的关键就是灰度映射函数。直方图规定化的基本原理是对两个直方图都做直方图均衡化，变成相同的归一化的均匀直方图。此均匀直方图起到媒介作用，再对参考图像做均衡化的逆运算即可。

直方图规定化计算步骤：
① 计算原始图像的直方图；
② 计算原始图像的累积直方图；
③ 计算规定图像的直方图；
④ 计算规定图像的累积直方图；
⑤ 找到规定图像的累积直方图和原始图像的累积直方图中每一个映射的最小差值；
⑥ 根据映射的最小差值确定映射；
⑦ 变换原图像，结束。

直方图规定化的变换通常需要一张直方图比较理想的图像作为参考，该图像的直方图称为规定直方图，也可以直接通过数据生成理想的规定直方图，然后，以该规定直方图作为标准，让原图像通过变换变成规定直方图的样式。从上面的计算步骤可以看出，需要分别计算原图像的累计直方图和规定图像的累计直方图概率分布。其计算方法如式（5-7）所示。设原始图像的累计直方图为式（5-7）的 s_k，规定直方图同样按照式（5-7）计算，设为 u_j。确定原图像与规定图像之间的映射关系可以采用两者之间的最小差值。即：

$$z_k = \min(|s_k - u_j|) \tag{5-8}$$

根据式（5-8）确定的映射关系，对原图像进行变换，即完成直方图规定化变换。

例 **5-3** 设一幅大小为 64×64 的图像，灰度级从 0 到 7，其灰度分布如表 5.1 所示。其规定化的直方图分布如表 5.2 所示，试按照表 5.2 的规定直方图计算将其进行直方图规定化变换的结果。

表 5.1 64×64 的图像灰度分布

图像灰度级	0	1	2	3	4	5	6	7
每个灰度级数量	790	1023	850	656	329	245	122	81
直方图	0.19	0.25	0.21	0.16	0.08	0.06	0.03	0.02

表 5.2 规定直方图分布

图像灰度级	0	1	2	3	4	5	6	7
直方图	0	0	0	0.15	0.20	0.30	0.20	0.15

解：①根据式（5-7），分别计算原图像的累计直方图和规定图像的累计直方图。
原图像的累计直方图计算如下：

$s_0 = \sum_{j=0}^{0} \dfrac{n_j}{n} = 0.19$

$s_1 = \sum_{j=0}^{1} \dfrac{n_j}{n} = 0.19+0.25 = 0.44$

$s_2 = \sum_{j=0}^{2} \dfrac{n_j}{n} = 0.19+0.25+0.21 = 0.65$

$s_3 = \sum_{j=0}^{3} \dfrac{n_j}{n} = 0.19+0.25+0.21+0.16 = 0.81$

$s_4 = \sum_{j=0}^{4} \dfrac{n_j}{n} = 0.19+0.25+0.21+0.16+0.08 = 0.89$

$s_5 = \sum_{j=0}^{5} \dfrac{n_j}{n} = 0.19+0.25+0.21+0.16+0.08+0.06 = 0.95$

$s_6 = \sum_{j=0}^{6} \dfrac{n_j}{n} = 0.19+0.25+0.21+0.16+0.08+0.06+0.03 = 0.98$

$s_7 = \sum_{j=0}^{7} \dfrac{n_j}{n} = 0.19+0.25+0.21+0.16+0.08+0.06+0.03+0.02 = 1$

同理，规定直方图的累计直方图如下：
$u_0=0$，$u_1=0$，$u_2=0$，$u_3=0.15$，$u_4=0.35$，$u_5=0.65$，$u_6=0.85$，$u_7=1$。

② 确定原图像与累计图像的映射最小值 $z_k = \min(|s_k - u_j|)$，从而确定映射关系为原图像灰度级 k 映射为规定直方图中 u_j 对应的灰度级 j。

$z_0 = \min|s_0 - u_j| = 0.04$，$j=3$

$z_1 = \min|s_1 - u_j| = 0.09$，$j=4$

$z_2 = \min|s_2 - u_j| = 0.00$，$j=5$

$z_3 = \min|s_3 - u_j| = 0.04$，$j=6$

$z_4 = \min|s_4 - u_j| = 0.04$，$j=6$

$z_5 = \min|s_5 - u_j| = 0.05$，$j=7$

$z_6=\min|s_6-u_j|=0.02$,$j=7$

$z_7=\min|s_7-u_j|=0.00$,$j=7$

如上所示，s_0 与规定直方图中的累计直方图 u_3 之间的差值最小，因此，原像素值 0 变换为规定直方图中的像素值 3。

③ 根据步骤②计算结果，确定原图像与规定图像之间的像素映射关系。

如 $z_3=\min|s_3-u_j|=0.04$，对应的 $j=6$，因此，原图像中的灰度值 3 变换为 6。

计算的完整结果如表 5.3 所示。为了与直方图均衡化进行比较，在表 5.3 中的第五行加入了图像均衡化变换结果。

表 5.3　直方图规定化计算结果

图像灰度级	0	1	2	3	4	5	6	7
每个灰度级数量	790	1023	850	656	329	245	122	81
直方图	0.19	0.25	0.21	0.16	0.08	0.06	0.03	0.02
累计直方图	0.19	0.44	0.65	0.81	0.89	0.95	0.98	1
均衡化变换结果	1	3	5	6	6	7	7	7
规定直方图	0	0	0	0.15	0.20	0.30	0.20	0.15
规定累计直方图	0	0	0	0.15	0.35	0.65	0.85	1
映射最小值	0.04	0.09	0.04	0.04	0.04	0.05	0.02	0
映射对应值	3	4	5	6	6	7	7	7
映射结果	0→3	1→4	2→5	3→6	4→6	5→7	6→7	7→7

表 5-3 中，最后一行即为图像灰度值的直方图规定化变换结果。第五行的直方图均衡化计算方式参考例 5-2，即采用最大灰度 7 乘以每个灰度级的累计分布概率。

例 5-4　图像直方图变换实例。

```
*读取图像
read_image(Image,'E:/示例/5-4.bmp')
*直方图均衡化
equ_histo_image(Image,ImageEquHisto)
*计算原图像的绝对直方图和相对直方图
gray_histo(Image,Image,AbsoluteHisto,RelativeHisto)
*生成直方图
gen_region_histo(Region,RelativeHisto,100,180,1)
*计算均衡化后的绝对直方图和相对直方图
gray_histo(ImageEquHisto,ImageEquHisto,AbsoluteHisto1,RelativeHisto1)
生成直方图
gen_region_histo(Region1,RelativeHisto1,200,360,1)
```

图 5.8 是上面程序的运行结果。采用的原图像与例 5-1 相同。

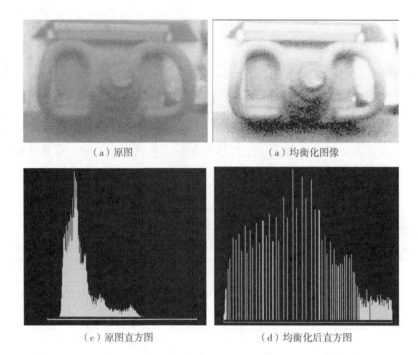

图 5.8 图像均衡化结果

从图 5.8 中可以看出，原图像的直方图分布与均衡化后的直方图分布有很大差别。经过直方图均衡化处理之后，其直方图分布较为均匀。从变换后的图像上看，均衡化后的图像对比度相对于原图像有很大改善。在 HALCON 中没有提供直方图规定化的算子。当然，也可以通过在 HALCON 中编程实现直方图规定化变换，在此不再详述。

5.3 图像平滑处理

为了抑制噪声而改善图像质量所进行的处理称图像平滑或去噪。图像平滑可以在空域或频率域中进行。噪声在图像上常表现为引起较强视觉效果的孤立像素点或像素块。噪声来源主要有两个方面，其一是在图像获取过程中，图像传感器在采集图像的过程中，由于受传感器材料属性、工作环境、电子元器件和电路结构等影响，会引入各种噪声，如电阻引起的热噪声、光子噪声、暗电流噪声、光响应非均匀性噪声；其二是在图像传输过程中，由于传输介质和记录设备等的不完善，数字图像在其传输记录过程中往往会受到多种噪声的污染。

图像常见噪声有四种：高斯噪声、泊松噪声、乘性噪声和椒盐噪声。为了抑制噪声，常采用平滑滤波方法，使亮度平缓或去掉不必要的亮点。在空域的平滑算法常见的有均值滤波、高斯滤波和中值滤波。此外，也可以在频率域对图像进行去噪处理。在空域中使用的平滑算法，常利用图像卷积运算实现。

5.3.1 图像卷积运算概念

在信号处理领域，一维连续信号的卷积定义为两个函数的积分。设两个函数分别为

$f(\tau)$ 和 $g(\tau)$。$g(\tau)$ 经过翻转和平移之后为 $g(n-\tau)$，则一维连续卷积定义如式（5-9）

$$(f*g)(n) = \int_{-\infty}^{\infty} f(\tau)g(n-\tau)\mathrm{d}\tau \tag{5-9}$$

对于离散的情况，积分变成了累加运算，如式（5-10）所示

$$(f*g)(n) = \sum_{\tau=\infty}^{\infty} f(\tau)g(n-\tau) \tag{5-10}$$

对于图像而言，可以看作是二维离散函数。因此，图像的卷积就是两个二维离散函数的卷积运算。设二维图像函数为 $f(m,n)$，卷积核为 $g(m,n)$。图像和卷积核只在各自的大小范围内有值，其他区域视为 0，因此，二维图像的卷积定义如式（5-11）所示。

$$[f*g](m,n) = \sum_{i=-\infty}^{\infty}\sum_{j=-\infty}^{\infty} f(i,j)g(m-i,n-j) \tag{5-11}$$

从式（5-11）可以看出，图像的卷积运算就是首先将卷积核进行 x 和 y 方向的翻转，然后与图像中的对应位置相乘之后求和。对于图像而言，超出图像边界的部分一般视为 0。

图 5.9 所示分别代表图像函数和卷积核函数，图 5.9（a）中的数据代表图像每个位置的灰度值，其卷积计算过程如下：

首先，将卷积核进行 x 和 y 方向的翻转，得到图 5.10 所示结果。

1	2	3
4	5	6
7	8	9

（a）图像

0	1	−2
−2	3	1
1	0	2

（b）卷积核

图 5.9　图像与卷积核

2	0	1
1	3	−2
−2	1	0

图 5.10　卷积核翻转结果

其次，分别计算原图像每个位置与翻转之后的卷积核的对应位置乘积之和。对于原图像超出边界部分，其图像的像素值视为 0，图 5.11 所示为图像中左上角位置进行卷积的结果。其计算过程为：

0×2+0×0+0×1+0×1+1×3+2×(−2)+0×(−2)+4×1+5×0=3

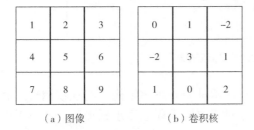

图 5.11　图像卷积计算过程 1

计算完第一个位置之后，将卷积核向右移动一个位置，得到第二个位置的卷积结果，如图 5.12 所示。其计算过程为：

0×2+0×0+0×1+1×1+2×3+3×(−1)+4×(−2)+5×1+6×0=−2

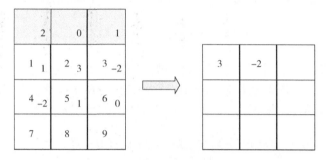

图 5.12　图像卷积计算过程 2

依次在图像上滑动卷积核，直到图像上每个位置都计算完成，及完成整个图像的二维卷积运算。图 5.13 是最后的计算结果。

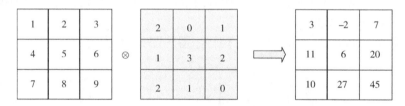

图 5.13　卷积结果

对于图像卷积运算所使用的卷积核，通常是中心对称结构，卷积核翻转之后没有变化。因此，可以直接让图像与卷积核进行对应位置乘积之后求累加和，而不用再对卷积核进行翻转操作。

5.3.2　均值滤波

图像中相邻像素间存在很高的空间相关性，而噪声则是统计独立的。因此，可用邻域内各像素的灰度平均值代替该像素原来的灰度值，实现图像的平滑，此方法称为均值滤波。即将每个像元在以其为中心的区域内，取平均值来代替该像元值，以达到去掉尖锐噪声和平滑图像的目的。

$H=\dfrac{1}{9}\begin{bmatrix}1&1&1\\1&1&1\\1&1&1\end{bmatrix}$

图 5.14　均值滤波模板

均值滤波也称为线性滤波。均值滤波是一种卷积运算，其卷积模板通常采用如图 5.14 所示矩阵形式。

设对图像 $f(x,y)$ 采用均值滤波后的结果为 $g(x,y)$，其滤波结果可以表示为式（5-12）。

$$g(x,y)=\frac{1}{M}\sum_{f\in S}f(x,y) \tag{5-12}$$

式（5-12）中，S 为模板所覆盖的原图像的范围，M 为滤波模板系数。在实际计算中，均值滤波常采用原图像与滤波模板进行卷积实现。如图 5.15 为均值滤波示意图。

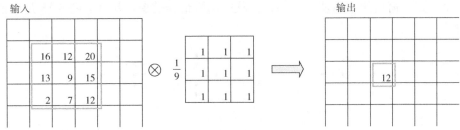

图 5.15 均值滤波示意图

在滤波模板所覆盖的原图像范围内，与原图像进行卷积运算，即得到最终的结果。均值滤波算法简单，但它的主要缺点是在降低噪声的同时使图像产生模糊，特别在边缘和细节处。而且滤波模板越大，在去噪能力增强的同时模糊程度越严重。

常用均值滤波模板如图 5.16 所示。

$$H_1=\frac{1}{9}\begin{bmatrix}1&1&1\\1&1&1\\1&1&1\end{bmatrix} \quad H_2=\frac{1}{10}\begin{bmatrix}1&1&1\\1&2&1\\1&1&1\end{bmatrix} \quad H_3=\frac{1}{16}\begin{bmatrix}1&2&1\\2&4&2\\1&2&1\end{bmatrix}$$

$$H_4=\frac{1}{8}\begin{bmatrix}1&1&1\\1&0&1\\1&1&1\end{bmatrix} \quad H_5=\frac{1}{2}\begin{bmatrix}0&\frac{1}{4}&0\\\frac{1}{4}&1&\frac{1}{4}\\0&\frac{1}{4}&0\end{bmatrix}$$

图 5.16 常用均值滤波模板

不同的滤波模板，中心点或邻域的重要程度也不相同。因此，应根据问题的需要选取合适的算子。但不管什么样的算子，必须保证全部系数之和为单位值 1，这样可保证输出图像灰度值在许可范围内，不会产生"溢出"现象。

5.3.3 中值滤波

中值滤波是将每个像元在以其为中心的邻域内，取中间亮度值来代替该像元值，以达到去掉尖锐噪声和平滑图像的目的。中值滤波首先对一个滑动窗口内的所有像素灰度值排序，然后用位于排序后的中间值代替窗口中心像素的原来灰度值。

设对图像 $f(x,y)$ 采用中值滤波后的结果为 $g(x,y)$，其滤波结果可以表示为式（5-13）。

$$g(x,y)=\underset{f\in S}{median}[f(x,y)] \tag{5-13}$$

二维中值滤波也类似于卷积运算，中值滤波器的窗口形状可以有多种，如直线、方形、十字形、圆形、菱形等，见图 5.17。不同形状的窗口产生不同的滤波效果，使用中必须根据图像的内容和不同的要求加以选择。从经验上看，方形或圆形窗口适宜于外轮廓线较长的物体图像，而十字形窗口对有尖顶角状的图像效果好。

中值滤波是一种非线性滤波，该滤波算法对椒盐噪声抑制效果好，在抑制噪声的同时能有效保护边缘少受模糊，但它对点、线等细节较多的图像却不太合适。对中值滤波法正确选择窗口尺寸的大小是很重要的环节。一般很难事先确定最佳的窗口尺寸，需通过从小窗口到大窗口的中值滤波试验，再从中选取最佳的窗口尺寸。图 5.18 是中值滤波示意图。

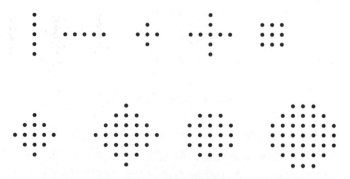

图 5.17　中值滤波卷积核形状

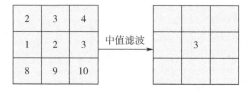

图 5.18　中值滤波示意图

图 5.18 中，对左边的 3×3 图像内灰度值进行从小到大排序，结果为[1、2、2、3、3、4、8、9、10]，位于中间的灰度值为 3。因此，滤波结果用灰度值 3 代替原图像中间的灰度值。

5.3.4　高斯滤波

高斯滤波器是根据高斯函数的形状来选择权值的一种线性平滑滤波器。高斯平滑滤波器对去除服从正态分布的噪声有很好的效果。一维零均值高斯函数为 $g(x) = e^{-x^2/2\sigma^2}$，其中，$\sigma$ 决定了高斯滤波器的宽度。对图像来说，常用二维零均值离散高斯函数做平滑滤波器，其函数表达式如下：

$$g(i,j) = e^{-(i^2+j^2)/2\sigma^2} \tag{5-14}$$

高斯函数具有如下性质：
① 旋转对称性；
② 单值函数；
③ 傅里叶变换的频谱是单瓣的；
④ 滤波器的宽度是由参数 σ 表证的；
⑤ 可分离性。

图像高斯滤波是采用二维高斯滤波器，二维高斯滤波器能用两个一维高斯滤波器逐次卷积来实现。在实际使用中，利用二维高斯函数先生成高斯滤波卷积模板，然后让原图像与高斯滤波模板进行卷积运算得到滤波结果。

常用高斯滤波模板如图 5.19 所示。

$$\frac{1}{16}\begin{bmatrix}1 & 2 & 1\\2 & 4 & 2\\1 & 2 & 1\end{bmatrix} \qquad \frac{1}{273}\begin{bmatrix}1 & 4 & 7 & 4 & 1\\4 & 16 & 26 & 16 & 4\\7 & 26 & 41 & 26 & 7\\4 & 16 & 26 & 16 & 4\\1 & 4 & 7 & 4 & 1\end{bmatrix}$$

（a）3×3模板　　　　（b）5×5模板

图 5.19　常用高斯滤波模板

高斯滤波适用于消除高斯噪声，广泛应用于图像处理的去噪。从图 5.19 可以得出，高斯滤波就是对整幅图像进行加权平均的过程，每一个像素点的值，都由其本身和邻域内的其他像素值经过加权平均后得到。

高斯滤波是一个低通滤波器，该滤波器对过滤高斯噪声尤其有效。高斯噪声是指它的概率密度函数服从高斯分布的一类噪声。即它的幅度分布服从高斯分布，而它的功率谱密度又是均匀分布的。高斯噪声的二阶矩不相关，一阶矩为常数，高斯噪声包括热噪声和散粒噪声。高斯滤波后图像被平滑的程度取决于σ的值。它的输出是邻域内像素的加权平均，同时离中心越近的像素权重越高。因此，相对于均值滤波，它的平滑效果更柔和，而且边缘保留的也更好。

5.3.5　双边滤波

双边滤波是一种非线性滤波器，它在保持边缘的同时，起到去噪的效果。双边滤波也是采用加权平均的方法，用周边像素亮度值的加权平均代表某个像素的强度，所用的加权平均基于高斯分布。但是，高斯滤波只考虑了邻域像素与中心像素的距离，而没有考虑像素值之间的差异。双边滤波在考虑像素之间的距离基础上过，还考虑了像素值之间的灰度差异。以这两个权重为基础进行滤波。双边滤波公式可以表达为式（5-15）所示。

$$g(i,j) = \frac{\sum_{k,l} f(k,l) w(i,j,k,l)}{\sum_{k,l} w(i,j,k,l)} \qquad (5\text{-}15)$$

式（5-15）中，$w(i,j,k,l)$ 为权重系数，为图像邻域内空间距离与像素灰度值共同作用的结果。$w(i,j,k,l)$ 的定义如下：

$$w(i,j,k,l) = \exp\left[-\frac{(i-k)^2+(j-l)^2}{2\sigma_d^2} - \frac{\|f(i,j)-f(k,l)\|^2}{2\sigma_r^2}\right] \qquad (5\text{-}16)$$

式（5-16）中，σ_d 为空间距离的标准偏差；σ_r 为像素灰度大小关系的标准偏差。

双边滤波的计算如下：图 5.20 表示一幅图像中的 5×5 区域。中心点灰度值为 150，左上角第一个点的灰度值为 153。左上角距离中心点的距离为 x=2，y=2，因此，其左上角与中心点之间的距离差异为：

153	148	143	145	138
150	150	151	147	147
148	147	150	151	147
155	156	155	149	144
163	159	157	145	142

图 5.20　双边滤波计算示意图

$$G_\mathrm{d} = \exp\left[-\frac{(0-2)^2+(0-2)^2}{2\sigma_\mathrm{d}^2}\right] \qquad (5\text{-}17)$$

左上角与中心点之间的像素灰度差异为：

$$G_\mathrm{r} = \exp\left(-\frac{150^2-153^2}{2\sigma_\mathrm{r}^2}\right) \qquad (5\text{-}18)$$

给定 σ_d 和 σ_r，即可计算出 G_d 和 G_r。将 G_d 与 G_r 相乘即得到每个点对应的权重 w。即 $w=G_\mathrm{d}G_\mathrm{r}$。依次计算每个点与中心点之间的权重 w，按照式（5-15），求解其与该点的灰度值相乘之后的累加和除以权重的累加和，即为双边滤波的结果。

在图像平坦区域，灰度值变化比较小，像素点的空间距离起到主要作用；在边缘部分像素值变化比较大的地方，灰度值的大小起到主要作用。双边滤波在保持高滤滤波的优点之外，很好地保留了边界特征。

例 5-5 图像平滑滤波操作使用示例。

```
*读取图像
read_image(Image,'E:/示例/例5-5.ppm')
*添加白噪声图像
add_noise_white(Image,ImageNoise,60)
*均值滤波
mean_image(ImageNoise,ImageMean,5,5)
*中值滤波
median_image(ImageNoise,ImageMedian,'square',1,'mirrored')
*高斯滤波
gauss_filter(ImageNoise,ImageGauss,5)
*双边滤波
bilateral_filter(ImageNoise,ImageGauss,ImageBilateral,3,20,[],[])
*生产椒盐噪声分布
sp_distribution(5,5,Distribution)
*给图像添加椒盐噪声
add_noise_distribution(Image,ImageNoise1,Distribution)
*均值滤波
mean_image(ImageNoise1,ImageMean1,5,5)
*中值滤波
median_image(ImageNoise1,ImageMedian1,'square',1,'mirrored')
*高斯滤波
gauss_filter(ImageNoise1,ImageGauss1,5)
*双边滤波
bilateral_filter(ImageNoise1,ImageGauss1,ImageBilateral1,3,20,[],[])
```

图 5.21 是对白噪声滤波结果，图 5.22 是对椒盐噪声滤波结果。

（a）原图　　　　　　　　　（b）噪声图　　　　　　　　　（c）均值滤波

（d）中值滤波　　　　　　　（e）高斯滤波　　　　　　　　（f）双边滤波

图 5.21　对白噪声滤波结果

（a）原图　　　　　　　　　（b）噪声图　　　　　　　　　（c）均值滤波

（d）中值滤波　　　　　　　（e）高斯滤波　　　　　　　　（f）双边滤波

图 5.22　对椒盐噪声滤波结果

5.4　代数运算

图像代数运算是指两幅输入图像之间进行点对点的加、减、乘、除运算得到输出图像的过程。图像代数运算是一种比较简单和有效的增强处理。如果记输入图像为 $A(x,y)$ 和 $B(x,y)$，输出图像为 $C(x,y)$，则有如下四种形式：

① $C(x,y)=A(x,y)+B(x,y)$　　　加运算
② $C(x,y)=A(x,y)-B(x,y)$　　　减运算
③ $C(x,y)=A(x,y)\times B(x,y)$　　　乘运算
④ $C(x,y)=A(x,y)\div B(x,y)$　　　除运算

5.4.1 图像加法

图像加法运算是两幅图像逐点相加的过程。数字图像的像素值范围一般是在 0～255 之间，两幅图像相加之后的值可能超过 255。因此，需要对超过 255 范围的值进行处理。为了避免像素灰度值超过 255，一般采用在相加之前乘上一个系数的方式实现两幅图像相加运算。即：

$$C(x,y)=\alpha A(x,y)+\beta B(x,y) \tag{5-19}$$

系数满足 $\alpha+\beta=1$ 的关系。图像加法可以实现两幅图像的融合。此外，图像相加可以去除叠加性噪声。通常采用的方法是多幅图像相加之后取其平均值来消除叠加性噪声。

5.4.2 图像减法

图像减法是两幅图像逐点相减的过程。图像减法也称为图像差分。但是，两幅图像相减之后的值有可能小于 0。为了保证相减之后的像素灰度值大于等于 0，有两种处理方式，一种是取相减之后的绝对值作为相减的结果；另一种是相减之后加上一个偏移值，即式（5-20）和式（5-21）所示。

$$C(x,y)=\text{abs}[A(x,y)-B(x,y)] \tag{5-20}$$
$$C(x,y)=A(x,y)-B(x,y)+b \tag{5-21}$$

图像相减的作用主要有两方面：消除背景影响；差影法（检测同一场景两幅图像之间的变化）。

消除背景影响即去除不需要的叠加性图案。差影法指把同一景物在不同时间拍摄的图像或同一景物在不同波段的图像相减。差值图像提供了图像间的差异信息，能用于指导动态监测、运动目标检测和跟踪、图像背景消除及目标识别等，如混合图像的分离。有时候也采用图像相减的方法来计算图像的梯度。图像梯度的概念将在后面进行介绍。

5.4.3 图像乘法

图像乘法是两幅图像逐点相乘的过程。与加法运算类似，相乘之后的结果有可能超出图像灰度值范围。此时，一般将超过灰度值 255 的进行截断。如果将图像的灰度值归一化到[0,1]范围内，图像乘法可以用来过滤掉图像中的部分内容。如图 5.23 所示。

图 5.23 图像相乘结果示意

图 5.23 中,三幅图像都归一化到[0,1]范围内,左边的图像称为掩码图像,只有 0 和 1 两种灰度值。灰度值为 0,与原图像相乘为 0;灰度值为 1,与原图像相乘的结果不变。最终只保留了掩码图像所覆盖的区域,从而过滤掉其他部分。

5.4.4 图像除法

图像除法是两幅图像逐点相除的过程。除法运算可用于校正成像设备的非线性影响,这在特殊形态的图像如断层扫描等医学图像处理中常常用到。图像除法也可以用来检测两幅图像间的区别,但是除法操作给出的是相应像素值的变化比率,而不是每个像素的绝对差异,因而图像除法也称为比率变换。

图像除法的结果可能存在小数部分,此时,一般通过四舍五入的方式将结果取整。另外,为了保证相除的结果在[0,255]范围内,可以将相除的结果乘上一个系数再加上一个偏值量,系数一般取大于 1。因此,图像除法可以表示为如下形式:

$$C(x,y) = \alpha \frac{A(x,y)}{B(x,y)} + b \tag{5-22}$$

例 5-6 对图像进行代数运算。

```
*读取图像1
read_image(Image,'E:/示例/5-6-1.png')
*读取图像2
read_image(Image1,'E:/示例/5-6-2.png')
*图像加法
add_image(Image,Image1,ImageResult,0.5,0)
*图像减法
sub_image(ImageResult,Image1,ImageSub,1,128)
*图像减法取绝对值
abs_diff_image(ImageResult,Image1,ImageAbsDiff,1)
*图像乘法
mult_image(Image,Image1,ImageResult1,0.005,0)
*图像除法
div_image(Image,Image1,ImageResult2,255,0)
```

在这四种代数运算中，图像加法和图像减法在图像增强中应用更加广泛。图像除法也可以看作是用一幅图像取反之后与另一幅图像相乘。图像乘法除了前面提到的将图像归一化到[0,1]之间，利用掩码实现图像过滤之外，也可以直接进行[0,255]范围内的灰度值相乘，起到增强图像的作用。如图 5.24 所示。

（a）原图1

（c）图像加法

（d）图像减法

（e）图像减法取绝对值

（f）图像乘法

（g）图像乘法

图 5.24　图像代数运算结果

5.5　图像逻辑运算

图像逻辑运算是指图像像素二进制编码之间的与、或、非、异或等运算。其中与、或、非这三种运算是基本的逻辑运算，其他逻辑运算都可以由这三种基本运算得到。逻辑与实现两幅图像相交的子集图像，该操作与图像乘法类似；逻辑或实现两幅图像的并集操作；逻辑非实现图像的补集。

图像逻辑运算对于提取图像中的子区域图像非常有用。如果在图像中标识了多个感兴趣区域,为了将这些感兴趣区域单独提取出来,可以采用逻辑运算实现。通过感兴趣区域与原图像之间的逻辑与操作,就可以提取出每个区域。在感兴趣区域之间进行逻辑或操作,可以合并多个区域。

例 5-7 图像乘法运算和逻辑与运算比较。

```
*读取原图像
read_image(Image1,'E:/示例/5-7-1.png')
*读取掩码图像
read_image(Image2,'E:/示例/5-7-2.png')
*乘法运算
mult_image(Image1,Image2,ImageResult,0.005,0)
*逻辑与运算
bit_and(Image1,Image2,ImageAnd)
```

(a)原图　　　　　　(b)掩码图像　　　　　(c)乘法结果　　　　　(d)逻辑与结果

图 5.25　乘法运算和逻辑与运算比较

从图 5.25 中看出,乘法运算和逻辑与运算的结果接近,都可以提取图像中的某一块区域而过滤掉图像中其他部分。

例 5-8 图像逻辑运算实现提取子图像。

```
*读取图1
read_image(Image1,'E:/示例/5-7-4.png')
*读取图2
read_image(Image2,'E:/示例/5-7-5.png')
*逻辑与操作
bit_and(Image1,Image2,ImageAnd)
*逻辑或操作
bit_or(Image1,Image2,ImageOr)
*逻辑非操作
bit_not(Image1,ImageNot)
*逻辑异或操作
bit_xor(Image1,Image2,ImageXor)
```

图 5.26 是上述逻辑操作结果。

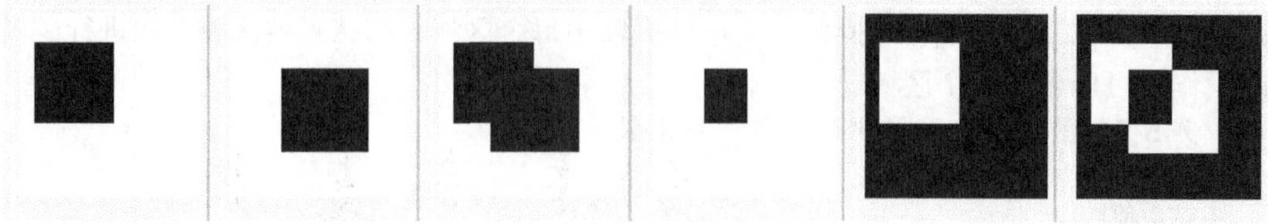

(a) 图1　　　(b) 图2　　　(c) 与　　　(d) 或　　　(e) 图1非　　　(f) 异或

图 5.26　图像逻辑运算结果

习　题

5.1　什么是图像增强？常用空域内的图像增强算法有哪些？

5.2　简述线性变换和分段线性变换的优缺点。

5.3　利用分段线性变换函数，将灰度值范围为[0,100]的图像变换到[0,255]，写出变换方程。

5.4　利用 HALCON 任意读取一幅灰度图像，讨论线性变换选择不同系数和截距的差异。

5.5　利用 HALCON 任意读取一幅灰度图像，讨论对数变换选择不同参数的差异。

5.6　利用 HALCON 任意读取一幅灰度图像，讨论幂次变换选择不同参数的差异。

5.7　一幅 8×8 的图像，灰度级从 0 到 7，灰度分布如表 5.4 所示，对其进行直方图均衡化处理。

表 5.4　图像灰度分布

灰度级	0	1	2	3	4	5	6	7
数量	10	4	5	20	8	6	4	7

5.8　给定图像数据如下矩阵 A 所示，使用卷积核 B 对其进行卷积运算，写出卷积运算过程和结果。

$$A = \begin{bmatrix} 1 & 2 & 3 \\ 4 & 5 & 6 \\ 7 & 8 & 9 \end{bmatrix} \quad B = \begin{bmatrix} 0 & 1 & 2 \\ 1 & 2 & 0 \\ 2 & 0 & 1 \end{bmatrix}$$

5.9　什么是均值滤波？利用 HALCON 任意读取一幅灰度图像，讨论均值滤波选择不同参数的差异。

5.10　什么是高斯滤波？利用 HALCON 任意读取一幅灰度图像，讨论高斯滤波选择参数的差异。

5.11　什么是中值滤波？利用 HALCON 任意读取一幅灰度图像，讨论中值滤波选择参数的差异。

5.12　什么是双边滤波？利用 HALCON 任意读取一幅灰度图像，讨论双边滤波选择参数的差异。

5.13 简要说明加法运算原理，并举例说明这种运算的作用。

5.14 简要说明减法运算原理，并举例说明这种运算的作用。

5.15 利用 HALCON 读取一幅图像，在图像中绘制 ROI 区域，并对这些 ROI 区域进行逻辑运算，讨论逻辑运算结果。

第6章

06

图像几何变换

图像的几何变换来自三维几何和投影几何的变换。这种操作包括均匀和非均匀调整图像大小（后者称为扭曲）。采集的图像由于各种原因，可能导致图像存在变形。例如，图像扭曲和图像倾斜等情况。将扭曲或者倾斜的图像进行校正，是为了使图像可以更加方便地用于目标对象的识别。图像几何变换执行的操作包括拉伸、收缩、扭曲和旋转图像等，这些操作称为几何变换。对于几何变换，有两种主要变换方式：使用2×3矩阵的变换，称为仿射变换;基于3×3矩阵进行变换，这被称为透视变换。除了以上两种变换之外，还存在一种极坐标变换，该变换尤其对于机器视觉中检测圆形对象有用。图像变换的目的在于将目标图像矫正到一个相对理想的位姿，以便于进行检测。对图像进行变换之后，并不能保证图像灰度值都能够变换到新的位置，而且，变换后的坐标也有可能不是整数。因此，输出图像的灰度值通常采用图像插值得到。图像插值的方法很多，常用的有最近邻插值、双线性插值和双三次插值。

6.1 图像插值

图像插值的目的在于自动选择比较理想的像素值来增加图像的信息。该方法是利用已知的像素值来评估需要插值的位置的像素值。比如，将图形放大二倍之后，原图像的像素只占整个新图像的四分之一。此时，输出图像的空白部分，就需要通过插值计算得到。

6.1.1 最近邻插值

最近邻插值是最简单的一种插值方法。最近邻插值通常用在放大图像时补充空白位置的像素。其原理是在原图像寻找距离目标图像位置点最近距离的像素，然后将原图像该位置像素插入目标图像对应位置。其计算公式可以表示为式（6-1）。

$$\begin{cases} \text{src}X = \text{dst}X \times (\text{src}Width / \text{dst}Width) \\ \text{src}Y = \text{dst}Y \times (\text{src}Height / \text{dst}Height) \end{cases} \tag{6-1}$$

式（6-1）中，srcX 和 srcY 表示原图上的(x,y)坐标，dstX 和 dstY 表示目标图像的(x,y)坐标，srcWidth、srcHeight、dstWidth 和 dstHeight 分别原图像和目标图像的宽度与高度。式（6-1）计算出原图像与目标图像之间的位置关系，如果计算结果为浮点数，则采用四舍五入的方式取整。

最近邻插值算法简单，计算速度快。但是，这种插值方法导致像素的变化不连续，在新图中会产生锯齿现象。

例 6-1 设原图像为 3×3 大小，其像素值如图 6.1 矩阵图所示，通过放大变换后的目标图像为 4×4，采用最近邻插值法，计算目标图像的像素值。

$$\begin{bmatrix} 100 & 50 & 80 \\ 60 & 30 & 20 \\ 120 & 40 & 60 \end{bmatrix}$$

解：根据式(6-1)，计算目标图像每个位置对应在原图像中的位置。

图 6.1 原图像像素值

dst(0,0): srcX=dstX×(3/4)=0×0.75=0
　　　　　srcY=dstY×(3/4)=0×0.75=0

所以，目标图像位置(0,0)对应原图位置为(0,0)，dst(0,0)=src(0,0)=100

同理，dst(1,0): srcX=dstX×(3/4)=1×0.75=0.75≈1

srcY=dstY×(3/4)=0×0.75=0
目标图像位置(1,0)对应原图位置为(1,0)，dst(1,0)=src(1,0)=50
dst(2,0): srcX=dstX×(3/4)=2×0.75=1.5≈2
srcY=dstY×(3/4)=0×0.75=0
目标图像位置(2,0)对应原图位置为(2,0)，dst(2,0)=src(2,0)=80
dst(3,0): srcX=dstX×(3/4)=3×0.75=2.25≈2
srcY=dstY×(3/4)=0×0.75=0
目标图像位置(3,0)对应原图位置为(2,0)，dst(3,0)=src(2,0)=80
dst(0,1): srcX=dstX×(3/4)=0×0.75=0
srcY=dstY×(3/4)=1×0.75=1

目标图像位置(0,1)对应原图位置为(0,1)，dst(0,1)=src(0,1)=60
根据以上方法，求出所有目标图像对应原图像中的位置，最后结果如图 6.2 所示。

$$\begin{bmatrix} 100 & 50 & 80 & 80 \\ 60 & 30 & 20 & 20 \\ 120 & 40 & 60 & 60 \\ 120 & 40 & 60 & 60 \end{bmatrix}$$

图 6.2 最近邻插值结果

6.1.2 双线性插值

最近邻插值是一种最简单的图像插值算法，但是，该算法效果不好，图像放大后存在严重的锯齿现象，图像缩小之后有严重的失真。因为，由目标图像通过反推得到原图像中的位置是浮点数，如果直接通过四舍五入的方法取整，没有考虑邻域像素对该位置的影响。如果目标像素值是根据邻域内真实的点按照一定的规律计算出来的，这样才可能达到更好的缩放效果。双线性插值算法即为采用这种思路设计的插值算法，它利用了计算出来的浮点数坐标与原图中邻近的四个真实像素值的关系，来共同决定目标图中的像素值。

双线性插值首先在水平方向做了两次线性插值，然后将两次线性插值的结果再在垂直方向做一次线性插值来计算目标位置对应的原图像上的坐标。线性插值是利用直线方程进行插值的方法。如图 6.3 所示。由于图像坐标原点在左上角，因此，图 6.3 中是以图像坐标来表示的线性插值。

图 6.3 中，已知两点坐标 (x_1,y_1) 和 (x_2,y_2)，通过线性插值，可以计算 (x,y) 的值。此方法为线性插值。双线性插值是在线性插值的基础上，分别计算了两个方向的插值。如图 6.4 所示。同理图 6.4 中是以图像坐标来表示的双线性插值。

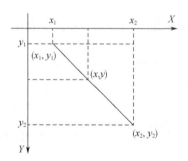

图 6.3 线性插值示意图

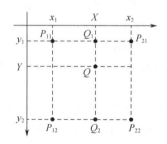

图 6.4 双线性插值示意图

如图 6.4 所示，在双线性插值中，首先通过点 P_{11} 和 P_{21} 计算得到 Q_1，通过 P_{12} 和 P_{22}

计算得到 Q_2，然后，通过点 Q_1 和 Q_2 计算得到点 Q。以上每一步都是线性插值得到。其计算可以用如下公式表示：

$$f(Q_1) = \frac{x_2 - x}{x_2 - x_1} f(P_{11}) + \frac{x - x_1}{x_2 - x_1} f(P_{21}) \qquad (6-2)$$

$$f(Q_2) = \frac{x_2 - x}{x_2 - x_1} f(P_{12}) + \frac{x - x_1}{x_2 - x_1} f(P_{22}) \qquad (6-3)$$

$$f(Q) = \frac{y_2 - y}{y_2 - y_1} f(Q_1) + \frac{y - y_1}{y_2 - y_1} f(Q_2) \qquad (6-4)$$

式（6-2）和式（6-3）表示在水平方向插值计算结果，式（6-4）表示在垂直方向计算的插值结果，也是最后的插值结果，$f(Q)$即为最后计算出的新的像素值。

对于一个新位置的点，其一定落在四个像素之间。双线性插值法充分考虑了邻域内四个像素对新的像素的影响。因此，该算法插值结果比较理想，不会出现锯齿现象，也很难看出有图像失真现象。但是，该算法的计算时间复杂度比最近邻插值法要大。而且，由于双线性插值具有低通滤波器的性质，使高频分量受损，所以可能会使图像轮廓在一定程度上变得模糊。

例 6-2 对图 6.1 所示的 3×3 图像矩阵数据，将其放大 2 倍，变成 6×6 大小，试采用双线性插值计算放大之后位置为(3,3)的图像灰度值。

解：首先计算放大之后的位置(3,3)对于原图中的位置
X方向：3/2=1.5
Y方向：3/2=1.5

可知，该位置位于原图像四个点之间，四个点分别是(1,1)、(1,2)、(2,1)、(2,2)。根据式（6-2）、式（6-3）、式（6-4），计算插值结果：

$$f(Q_1) = \frac{2-1.5}{2-1} \times 30 + \frac{1.5-1}{2-1} \times 20 = 25$$

$$f(Q_2) = \frac{2-1.5}{2-1} \times 40 + \frac{1.5-1}{2-1} \times 60 = 50$$

$$f(Q) = \frac{2-1.5}{2-1} \times 25 + \frac{1.5-1}{2-1} \times 50 = 37.5 \approx 38$$

即在新图像位置为(3,3)插值后的像素值为 38。

注意，图像中的坐标左上角是以(0,0)开始，因此，$f(P_{11})$、$f(P_{21})$、$f(P_{12})$、$f(P_{22})$对应在原图像上的像素值分别为 30,20,40 和 60。

6.1.3 双三次插值

双三次插值也称为双立方插值，是一种更加复杂的插值方式，它能得到比双线性插值更平滑的图像边缘。双三次插值采用最近的十六个采样点的加权平均得到。双三次插值法首先需要计算每个点的权重。权重计算公式如式（6-5）所示。

$$w(x) = \begin{cases} (a+2)|x|^3 - (a+3)|x|^2 + 1 & |x| \leq 1 \\ a|x|^3 - 5a|x|^2 + 8a|x| - 4a & 1 < |x| < 2 \\ 0 & 2 < |x| \end{cases} \qquad (6-5)$$

然后，通过式（6-6）所示计算插值结果

$$f(x,y) = \sum_{i=0}^{3}\sum_{j=0}^{3} f(x_i, y_j)w(x-x_i)w(y-y_j) \tag{6-6}$$

双三次插值的结果较好。但是，该算法的计算时间复杂度太大，通常对于有打印图像需求的时候，如果涉及将图像放大等操作，采用该算法实现。而对于机器视觉而言，如果对图像缩放之后的要求不是很高，一般不采用该算法，常用双线性插值算法已经能够满足要求。

例 6-3 对图像进行插值示例。

```
*读取图像
read_image(Image,'E:/示例/例6-3.bmp')
*采用最近邻插值将图像放大2倍
zoom_image_factor(Image,ImageZoomed,2,2,'nearest_neighbor')
*采用双线性插值将图像放大2倍
zoom_image_factor(Image,ImageZoomed1,2,2,'bilinear')
*采用双三次插值将图像放大2倍
zoom_image_factor(Image,ImageZoomed2,2,2,'bicubic')
```

图 6.5 是图像处理结果。

（a）原图　　　　（b）最近邻插值　　　（c）双线性插值　　　（d）双三次插值

图 6.5　对图像进行不同插值结果

6.2　仿射变换

仿射变换是一种二维坐标（u,v）到二维坐标（x,y）的线性变换，仿射变换是可以用矩阵乘法和矢量加法形式表示的变换。图像几何变换的一般形式的数学表达如下：

$$\begin{cases} x = a_1 u + b_1 v \\ y = a_2 u + b_2 v \end{cases} \tag{6-7}$$

将其写成矩阵形式如下：

$$\begin{bmatrix} x \\ y \end{bmatrix} = T \begin{bmatrix} u \\ v \end{bmatrix} = \begin{bmatrix} a_1 & b_1 \\ a_2 & b_2 \end{bmatrix} \begin{bmatrix} u \\ v \end{bmatrix} \tag{6-8}$$

式（6-8）的变换可以实现图像各像素点比例缩放、错切和旋转等各种变换。但是，上述变换矩阵 T 不能实现图像的平移变换。

为了能够实现平移变换，需要在式（6-8）的基础上加上平移变量，即：

$$\begin{bmatrix} x \\ y \end{bmatrix} = \begin{bmatrix} a_1 & b_1 \\ a_2 & b_2 \end{bmatrix} \begin{bmatrix} u \\ v \end{bmatrix} + \begin{bmatrix} \Delta u \\ \Delta v \end{bmatrix} \tag{6-9}$$

式（6-9）中的矩阵 T 中没有引入平移常量。为了用统一的矩阵线性变换形式表示图像几何变换，可以引入齐次坐标。采用齐次坐标可以实现上述各种几何变换的统一表示。为此，将 T 矩阵扩展为如下 2×3 变换矩阵，其形式为：

$$T = \begin{bmatrix} a_1 & b_1 & \Delta u \\ a_2 & b_2 & \Delta v \end{bmatrix} \tag{6-10}$$

根据矩阵相乘的规律，需要在坐标列矩阵$[u \quad v]^T$中引入第三个元素，扩展为 3×1 的列矩阵$[u \quad v \quad 1]^T$。因此，式（6-9）也可以写成变换形式如下：

$$\begin{bmatrix} x \\ y \end{bmatrix} = \begin{bmatrix} a_1 & b_1 & \Delta u \\ a_2 & b_2 & \Delta v \end{bmatrix} \begin{bmatrix} u \\ v \\ 1 \end{bmatrix} \tag{6-11}$$

式（6-11）可以实现图像各像素点的平移、比例缩放、错切和旋转变换。为变换运算时更方便，一般将 2×3 阶变换矩阵 T 进一步扩充为 3×3 方阵，即采用如下变换矩阵：

$$T = \begin{bmatrix} a_1 & b_1 & \Delta u \\ a_2 & b_2 & \Delta v \\ 0 & 0 & 1 \end{bmatrix} \tag{6-12}$$

式（6-12）中，系数 a_1、b_1、a_2、b_2、Δu、Δv 取不同的值，即得到不同的变换结果。仿射变换本质是二维平面变换，对应的变换矩阵是 2×3 的矩阵，为了变换运算时方便，在 2×3 的矩阵最下面加上一行[0 0 1]，将其扩展为 3×3 的矩阵。变换矩阵 T 中的对角线决定缩放，反对角线决定旋转或错切，Δu 和 Δv 决定平移。各种变换对应的变换矩阵如图 6.6 所示。

$$\begin{bmatrix} 1 & 0 & \Delta u \\ 0 & 1 & \Delta v \\ 0 & 0 & 1 \end{bmatrix} \qquad \begin{bmatrix} a_1 & 0 \\ 0 & b_2 \end{bmatrix} \qquad \begin{bmatrix} \cos\theta & -\sin\theta \\ \sin\theta & \cos\theta \end{bmatrix} \qquad \begin{bmatrix} 1 & b_1 \\ a_2 & 1 \end{bmatrix}$$

（a）平移　　　（b）缩放　　　（c）旋转　　　（d）错切

图 6.6　仿射变换对应的各种实际变换矩阵

图像经过仿射变换之后，坐标位置发生了变换，将坐标变换完之后，只需要将灰度值对应移植过去就完成了图像仿射变换。但是，实际变换之后的位置对应的像素灰度值有可能不存在。因此，需要通过图像插值算法重新进行计算。其插值方法通常采用 6.1 节所介绍的方法。

例 6-4　图像放射变换实例。

```
*读取图像
read_image(Image,'E:/示例/6-4.bmp')
```

*得到图像大小
get_image_size(Image,Width,Height)
*生成单位仿射变换矩阵
hom_mat2d_identity(HomMat2DIdentity)
*从单位阵生成缩放矩阵
hom_mat2d_scale(HomMat2DIdentity,2,2,0,0,HomMat2DScale)
*对原图进行仿射变换，此处为缩放变换
affine_trans_image(Image,ImageAffineTrans,HomMat2DScale,'bilinear','true')
*得到变换之后的图像大小，与原图像大小进行比较
get_image_size(ImageAffineTrans,Width1,Height1)
*生成平移变换矩阵
hom_mat2d_translate(HomMat2DScale,64,64,HomMat2DTranslate)
*对缩放之后的图像进行平移变换
affine_trans_image(ImageAffineTrans,ImageAffineTrans1,HomMat2DTranslate,'bilinear','true')
*得到旋转变换矩阵
hom_mat2d_rotate(HomMat2DTranslate,rad(30),0,0,HomMat2DRotate)
*对平移后的图像进行旋转变换
affine_trans_image(ImageAffineTrans1,ImageAffineTrans2,HomMat2DRotate,'bilinear','true')
*从单位阵生成错切矩阵，此处为沿 x 方向错切
hom_mat2d_slant(HomMat2DIdentity,rad(30),'x',0,0,HomMat2DSlant)
*对原图进行错切变换
affine_trans_image(Image,ImageAffineTrans3,HomMat2DSlant,'bilinear','true')

图 6.7 是仿射变换结果。

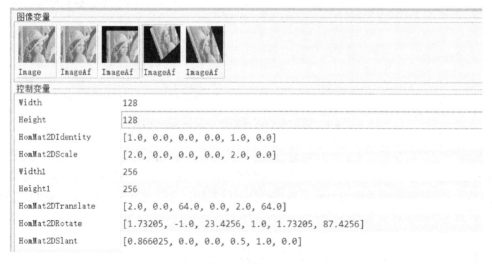

图 6.7　图像仿射变换结果

6.3 透视变换

透视变换也称为投影变换，是一种二维坐标 (u,v) 到三维坐标 (x,y,z) 的变换。图像透视变换的一般形式的数学表达如下：

$$\begin{cases} x = a_1u + b_1v + c_1 \\ y = a_2u + b_2v + c_2 \\ z = a_3u + b_3v + c_3 \end{cases} \quad (6\text{-}13)$$

将其写成矩阵形式如下：

$$\begin{bmatrix} x \\ y \\ z \end{bmatrix} = T \begin{bmatrix} u \\ v \\ 1 \end{bmatrix} = \begin{bmatrix} a_1 & b_1 & c_1 \\ a_2 & b_2 & c_2 \\ a_3 & b_3 & c_3 \end{bmatrix} \begin{bmatrix} u \\ v \\ 1 \end{bmatrix} \quad (6\text{-}14)$$

从式（6-14）可以看出，透视变换是仿射变换的延续，式（6-14）中变换矩阵包括了仿射变换。因此，也可以说仿射变换是透视变换的一种特殊形式。透视变换是三维空间上的变换，因此，对于二维图像，最后一个原坐标恒为 1，变换矩阵的最后一个参数也恒为 1。所以，透视变换的矩阵有 8 个未知数，要求解就需要找到 4 组映射点，四个点就刚好确定了一个三维空间。图像经过透视变换后通常不是平行四边形。

与仿射变换类似，在经过变换之后，图像的灰度值也要经过图像插值计算，得到变换后的图像。

例 6-5 图像透视变换实例。

```
*读取图像
read_image(Image,'E:/示例/6-5.bmp')
*定义坐标变量
XCoordCorners:=[130,225,290,63]
YCoordCorners:=[101,96,289,269]
*生成透视变换矩阵
hom_vector_to_proj_hom_mat2d(XCoordCorners,YCoordCorners,[1,1,1,1],[70,
270,270,70],[100,100,300,300],[1,1,1,1],'normalized_dlt',HomMat2D)
*对图像进行透视变换
projective_trans_image(Image,Image_rectified,HomMat2D,'bilinear','false',
'true')
```

透视变换结果如图 6.8 所示。

例 6-5 中，通过透视变换，将原本变形的图像进行了矫正。仿射变换和透视变换在机器视觉中的主要作用即为矫正有变形的图像。其中，在例 6-4 和例 6-5 中，通过预设的变换矩阵和初始坐标，得到仿射变换和透视变换坐标。在实际应用中，仿射变换和透视变换矩阵需要通过图像处理得到变换矩阵。

（a）原图　　　　　　　　（b）变换结果图

图 6.8　透视变换结果

6.4　极坐标变换

极坐标变换功能是将图像的笛卡儿坐标转换为极坐标表示。该变换通常用来矫正图像中的圆形对象或圆环中的目标。给定变换中心位置点 $p_c(x,y)$，图像上任一点的坐标为 $p_i(x,y)$，将图像坐标变换成极坐标 (r,θ)，则点 $p_i(x,y)$ 的极坐标表示如下：

$$\begin{cases} r = \sqrt{(p_{ix} - p_{cx})^2 + (p_{iy} - p_{cy})^2} \\ \theta = \arctan(-\dfrac{p_{iy} - p_{cy}}{p_{ix} - p_{cx}}) \end{cases} \quad (6\text{-}15)$$

式（6-15）中，p_{ix}，p_{iy}，p_{cx}，p_{cy} 分别表示任一点的 x，y 坐标和变换中心位置的 x，y 坐标。

在计算反正切函数时，需要注意像素点落在正确的象限。此外，式（6-15）中的计算由于需要进行开方运算和反正切运算，计算比较耗时。但是，可以采用极坐标逆变换的形式来减少这种运算。极坐标逆变换如下：

$$\begin{cases} p_{ix} = p_{cx} + r\cos\theta \\ p_{iy} = p_{cy} - r\sin\theta \end{cases} \quad (6\text{-}16)$$

由于 θ 的值是有限的离散数值，其正弦和余弦值可以事先计算出来，只需要计算一次，所以，对图像进行极坐标变换的速度非常快。例 6-6 是精简的 HALCON 示例程序，通过极坐标变换将圆形物体上的字符变换成极坐标表示，从而可以将字符的显示样式变换成水平显示的样式方便识别。

例 6-6　图像极坐标变换实例。

```
*定义输出图像宽度和高度
WidthP:=900
HeightP:=20
*读取图像
read_image(Image,'E:/示例/6-6.bmp')
*经过图像预处理，提取包含字符和条码区域的圆环形区域
```

```
mean_image(Image,ImageMean,211,211)
dyn_threshold(Image,ImageMean,RegionDynThresh,15,'dark')
connection(RegionDynThresh,ConnectedRegions)
select_shape_std(ConnectedRegions,SelectedRegions,'max_area',0)
gen_contour_region_xld(SelectedRegions,Contours,'border')
fit_circle_contour_xld(Contours,'ahuber',-1,0,0,3,2,Row,Column,Radius,StartPhi,EndPhi,PointOrder)
*采用极坐标变换将圆环形区域展开
polar_trans_image_ext(Image,ImagePolar,Row,Column,0,rad(360),Radius-30,Radius-5,WidthP,HeightP,'bilinear')
*将变换展开后的图像旋转180°，方便观察
rotate_image(ImagePolar,ImageRotate,180,'constant')
```

图6.9是运行结果。

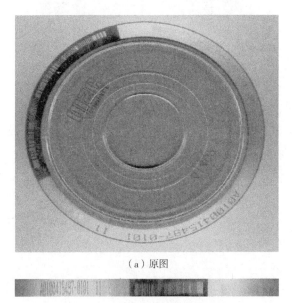

(a) 原图

(b) 极坐标变换结果

图6.9 极坐标变换结果

例6-6首先将字符所在的圆环区域提取出来，然后对其进行极坐标变换，将位于圆环上的字符通过变换展开为水平显示方式，原图像中的字符位于圆环上，不利于分割和识别，采用极坐标变换，可以将圆形对象展开为水平显示，从而方便后续处理，此即为极坐标变换的重要应用。

习 题

6.1 设图像数据如下面 5×5 矩阵 A 所示，将其放大到 6×6，试用最近邻插值法计算目标像素。

$$A = \begin{bmatrix} 63 & 62 & 62 & 59 & 48 \\ 91 & 92 & 92 & 92 & 90 \\ 94 & 94 & 94 & 94 & 96 \\ 95 & 94 & 95 & 96 & 94 \\ 95 & 95 & 96 & 95 & 93 \end{bmatrix}$$

6.2 对题 6.1 所示矩阵数据，采用双线性插值法将其放大到 6×6，求目标像素的值。

6.3 根据图像的仿射变换公式，分别写出图像平移、旋转、镜像的变换矩阵。

6.4 如图 6.10 所示图像，利用 HALCON 编程，将图中的数字展开成水平放置状态。

图 6.10　题 6.4 图

第7章

07

图像锐化与边缘检测

图像锐化作为一类图像增强算法,往往与图像边缘检测算法有关,但两者之间又有一定的区别。图像锐化的目的是增强图像的边缘轮廓,使图像的灰度反差增强,图像的边缘轮廓部分通常是灰度突变的地方。很多情况下,图像的锐化也被用于物体边缘的检测与提取。图像的边缘检测着重于检测目标对象的边缘,边缘检测的结果是目标对象的边界与轮廓,而图像中的其他部分被抑制了。与图像锐化相比,锐化的结果是突出了图像的边缘轮廓,但是图像的其他部分依然保留。两者都可以在空域或频域进行,在空域进行的操作通常采用一阶或二阶微分算子。针对二维图像这种离散数据,往往通过计算图像梯度实现图像的锐化或边缘检测,可以认为图像锐化的结果是原图像与边缘检测结果图像进行加减运算的结果,因此,锐化是基于边缘检测结果之后的操作。但在实际机器视觉应用中,锐化操作作为图像处理的中间步骤,尤其在图像的空域进行操作时,往往只进行一阶微分或二阶微分运算,其结果不再与原图进行加减运算,如果为了观察锐化效果,才进行这样的操作。

7.1 图像梯度的概念

连续函数的一阶导数表示如下:

$$\frac{df}{dx} = \lim_{\Delta x \to 0} \frac{f(x+\Delta x) - f(x)}{\Delta x} \tag{7-1}$$

对于二维函数 $f(x,y)$,其一阶导数如下:

$$\frac{\partial f(x,y)}{\partial x} = \lim_{\Delta x \to 0} \frac{f(x+\Delta x, y) - f(x,y)}{\Delta x} \tag{7-2}$$

$$\frac{\partial f(x,y)}{\partial y} = \lim_{\Delta y \to 0} \frac{f(x, y+\Delta y) - f(x,y)}{\Delta y} \tag{7-3}$$

对于图像而言,可以看成是二维离散函数。其离散方式是按照像素实现的,因此,最小的 Δ 即为一个像素,即 Δx 或 Δy 等于 1。因此,可以将图像的一阶导数写成如下形式:

$$\frac{\partial f(x,y)}{\partial x} = f(x+1, y) - f(x, y) \tag{7-4}$$

$$\frac{\partial f(x,y)}{\partial y} = f(x, y+1) - f(x, y) \tag{7-5}$$

从式(7-4)和式(7-5)可以看出,图像的一阶导数就是水平或垂直方向上两个相邻像素的差值。由于图像中是以像素为最小单位,最小的步长即为一个像素,因此,式(7-4)和式(7-5)也可以称为图像的一阶微分算子,由于是通过计算像素差实现的,也称为一阶差分算子。

在数字图像处理中,图像的梯度采用差分来代替微分表示。因此,图像的梯度计算如下:

$$\nabla_x f(x,y) = f(x+1, y) - f(x, y) \tag{7-6}$$

$$\nabla_y f(x,y) = f(x, y+1) - f(x, y) \tag{7-7}$$

式（7-6）和式（7-7）分别代表图像在 x 方向和 y 方向的梯度计算方式。因此，图像在某一点的梯度可以表示为式（7-8）。其梯度幅值和梯度方向分别为式（7-9）和式（7-10）。

$$\nabla f(x,y) = \{\nabla_x f(x,y), \nabla_y f(x,y)\} \quad (7-8)$$

$$M(x,y) = \sqrt{\nabla_x f(x,y)^2 + \nabla_y f(x,y)^2} \quad (7-9)$$

$$\tan\alpha = \frac{\nabla_y f(x,y)}{\nabla_x f(x,y)} \quad (7-10)$$

有时为了避免计算量过大，梯度幅值也可以采用式（7-11）所示方式代替。

$$M(x,y) = \nabla_x f(x,y) + \nabla_y f(x,y) \quad (7-11)$$

考虑到图像边界的拓扑结构性，根据图像梯度计算原理又派生出许多相关的改进计算方法。

由图像一阶差分计算，可以推出图像在 x 方向和 y 方向的二阶差分计算公式。

$$\frac{\partial^2 f}{\partial x^2} = f(x+1,y) + f(x-1,y) - 2f(x,y) \quad (7-12)$$

$$\frac{\partial^2 f}{\partial y^2} = f(x,y+1) + f(x,y-1) - 2f(x,y) \quad (7-13)$$

梯度是一个有大小和方向的矢量。梯度的大小也称为梯度幅值或梯度的模。在数字图像处理中，梯度幅值代表图像的变化率，在不引起误解的情况下，通常将梯度的幅值大小称为梯度。在图像中的平坦区域，图像灰度值变化比较小，梯度幅值对应也比较小；在边缘部分，由于像素灰度值变化比较大，梯度幅值也相应增大。因此，计算图像的梯度大小可以反映出图像灰度的变化情况，从而找出图像中的轮廓或边缘。对于数字图像，求解一阶导数的过程也是相邻像素灰度值之差，也称为图像一阶微分或一阶差分。梯度方向是图像函数变化最快的方向，有时也用梯度方向图来对图像做进一步处理。在计算图像梯度的时候，除了采用相邻灰度值的差分来计算之外，有时也根据图像的拓扑结构，对梯度计算采用一些改进的方法实现。

7.2 一阶微分算子锐化与边缘检测

一阶微分算子也称为一阶差分算子，其计算过程即为计算图像的梯度大小。其计算结果反映的是图像的变化率。常用的一阶微分算子有 Sobel 算子、Priwitt 算子、Roberts 算子、Kirsch 算子等。此外，对于一阶微分算子，可以只在某一个方向进行微分运算，这种算子称为单方向微分算子。比如，只计算 X 方向的微分或只计算 Y 方向的微分。如果利用这种方法进行图像锐化或边缘检测，也称为单方向锐化或边缘检测算子。在数字图像处理中，一阶差分算子常用卷积模板来实现。

7.2.1 水平微分和垂直微分算子

除了式（7-6）和式（7-7）所示的梯度计算方式来计算水平微分和垂直微分之外，常用的水平和垂直微分算子常用图 7.1 所示的模板实现。其分别计算的是 x 方向的梯度和 y 方向的梯度。

$$H = \begin{bmatrix} 1 & 0 & -1 \\ 2 & 0 & -2 \\ 1 & 0 & -1 \end{bmatrix} \qquad V = \begin{bmatrix} 1 & 2 & 1 \\ 0 & 0 & 0 \\ -1 & -2 & -1 \end{bmatrix}$$

（a）水平差分模板　　　　（b）垂直差分模板

图 7.1　水平和垂直差分模板

水平和垂直微分的模板设计类似，这两种微分计算分别检测图像在水平或垂直方向的像素灰度值的变化情况。其计算过程与图像的卷积计算类似，即在模板所覆盖的图像范围内，与原图像进行相乘之后的累加和运算。其计算如图 7.2 所示。

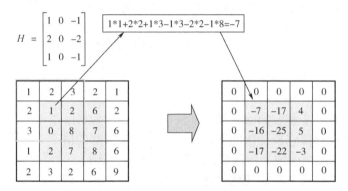

（a）水平微分计算示意图

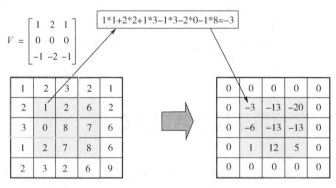

（b）垂直微分计算示意图

图 7.2　图像水平和垂直微分计算示意图

从图 7.1 的模板图可以看出，水平方向的微分计算的是 x 方向的梯度，如果图像在 x 方向的变化率比较大，则可以通过水平微分模板检测边缘；同理，如果 y 方向的变化率比较大，则可以通过垂直微分检测出边缘。但是，该算子只能检测出具有水平或垂直特征的边界。例如，对于楼宇等建筑的边界检测。

图 7.2 中，不管是水平微分还是垂直微分，其计算结果都可能出现负数。因此，需要

对这种情况进行处理,常见的处理方式有两种:一种是直接取绝对值,另一种是在计算结果上整体加上一个偏移量。两种处理结果最后的图像效果有一定区别。

例 7-1　水平和垂直微分示例。

```
*读取图像
read_image(Image,'E:/示例/7-1.bmp')
*定义水平微分滤波器
FilterMaskH:=[3,3,1,1,0,-1,2,0,-2,1,0,-1]
*原图像与水平微分滤波器进行卷积
convol_image(Image,ImageResult,FilterMaskH,'mirrored')
*将水平微分结果与原图相加,得到水平锐化结果
add_image(Image,ImageResult,ImageResult1,1,0)
*定义垂直微分滤波器
FilterMaskV:=[3,3,1,1,2,1,0,0,0,-1,-2,-1]
*原图像与垂直微分滤波器进行卷积
convol_image(Image,ImageResult,FilterMaskV,'mirrored')
*将垂直微分结果与原图相加,得到垂直锐化结果
add_image(Image,ImageResult,ImageResult2,1,0)
```

(a)原图

(b)水平微分结果

(c)水平锐化结果

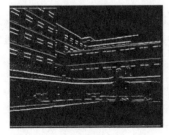
(d)垂直微分结果

(e)垂直锐化结果

图 7.3　水平和垂直微分结果

图 7.3 是例 7-1 运行结果。可以看出,水平微分计算图像在 x 方向的变化率,可以检测出原图中竖直方向的直线;而垂直微分计算在 y 方向的变化率,可以检测出原图在水平方向的直线。图 7.3(c)和(d)是水平和垂直锐化的结果,与原图进行比较,可以发现,锐化之后的图像相对于原图,其边缘更加明显。

7.2.2 Kirsch算子

水平差分和垂直微分算子只能在水平或垂直的单一方向对图像的边缘进行检测。但图像的边缘往往并不是只在这两个方向，因此，其使用范围比较小。Kirsch 算子采用八个模板对同一个像素点进行边缘检测。根据像素点对每个模板的响应程度，选择最大响应结果作为边缘检测结果。Kirsch 的八个方向模板如图 7.4 所示。

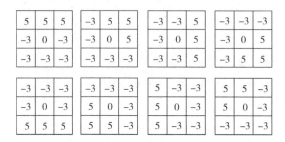

图 7.4　Kirsch 算子采用的模板

Kirsch 算子的八个模板代表了八个方向，像素点需要计算八个方向的梯度，其计算方法也是一阶微分的形式。利用 Kirsch 算子进行边缘检测时，图像分别与每个模板进行卷积运算，取八个方向的最大值作为边缘幅值的输出。卷积结果比较八个数的绝对值。正负号只是方向。

与水平微分和垂直微分比较，Kirsch 算子增加了检测图像边界的方向。但是，Kirsch 算子也是检测的单一方向的梯度变化。只是通过预设的八个方向来判断最大响应的方向，但不是检测任意方向的梯度变化，因此，如果边界在任意方向出现，有可能 Kirsch 算子并不能响应该方向。

7.2.3 Sobel算子

Sobel 微分算子是 3×3 模板的全方向差分算子。该算子检测的是任意方向的梯度变化。Sobel 算子与水平微分和垂直微分有一些相似。其算子定义如式（7-14）和式（7-15）所示。

$$\begin{cases} D_x = \left[f(x+1,y-1) - f(x-1,y-1) \right] \\ \quad + 2\left[f(x+1,y) - f(x-1,y) \right] \\ \quad + \left[f(x+1,y+1) - f(x-1,y+1) \right] \\ D_y = \left[f(x-1,y+1) - f(x-1,y-1) \right] \\ \quad + 2\left[f(x,y+1) - f(x,y-1) \right] \\ \quad + \left[f(x+1,y+1) - f(x+1,y) -1 \right] \end{cases} \tag{7-14}$$

$$\nabla f = \sqrt{D_x^2 + D_y^2} \tag{7-15}$$

式（7-14）中，分别按照水平微分和垂直微分的方式计算像素点在 x 和 y 方向的梯度，然后，按照式（7-15），计算该像素点的梯度幅值，即为 Sobel 算子的计算结果。

在实际计算过程中，常用梯度模板与原图进行卷积运算得到。由式（7-14）可以得出，D_x 和 D_y 分别计算的 x 和 y 方向的梯度，根据其计算方式，可以采用图 7.5 所示模板与原图进行卷积计算，即可得到两个方向的梯度计算结果。

$$D_x = \begin{bmatrix} -1 & 0 & 1 \\ -2 & 0 & 2 \\ -1 & 0 & 1 \end{bmatrix} \qquad D_y = \begin{bmatrix} -1 & -2 & -1 \\ 0 & 0 & 0 \\ 1 & 2 & 1 \end{bmatrix}$$

图 7.5　Sobel 算子的计算模板

从图 7-5 可以看出，Sobel 算子与水平微分和垂直微分是类似的，只是，Sobel 在 x 和 y 方向的梯度基础上，将梯度幅值作为最后的边缘检测结果。

Sobel 算子方法简单、处理速度快，并且所得的边缘光滑、连续。但是边缘较粗。此外，Sobel 算子对噪声具有平滑作用，提供较为精确的边缘方向信息，当边缘定位对精度要求不是很高时，是一种较为常用的边缘检测方法。

7.2.4　Prewitt 算子

Prewitt 算子的思路与 Sobel 算子的思路类似。Prewitt 算子也是一阶微分算子。该算子利用像素点上下左右邻点的灰度差实现图像的锐化和边缘检测，并且对噪声具有一定平滑作用。其计算方法与 Sobel 一样，利用两个方向模板与图像进行邻域卷积来实现，这两个方向模板一个检测水平边缘，一个检测垂直边缘。其计算公式和计算模板分别如式（7-16）、式（7-17）及图 7.6 所示。

$$\begin{cases} D_x = [f(x+1,y-1) - f(x-1,y-1)] \\ \qquad + [f(x+1,y) - f(x-1,y)] \\ \qquad + [f(x+1,y+1) - f(x-1,y+1)] \\ D_y = [f(x-1,y+1) - f(x-1,y-1)] \\ \qquad + [f(x,y+1) - f(x,y-1)] \\ \qquad + [f(x+1,y+1) - f(x+1,y) - 1] \end{cases} \tag{7-16}$$

$$\nabla f = \sqrt{D_x^2 + D_y^2} \tag{7-17}$$

$$D_x = \begin{bmatrix} -1 & 0 & 1 \\ -1 & 0 & 1 \\ -1 & 0 & 1 \end{bmatrix} \qquad D_y = \begin{bmatrix} -1 & -1 & -1 \\ 0 & 0 & 0 \\ 1 & 1 & 1 \end{bmatrix}$$

图 7.6　Prewitt 算子的计算模板

可以看出，Prewitt 算子与 Sobel 算子的唯一区别在于模板系数。肉眼几乎无法区别与 Sobel 算子处理效果的差异。Sobel 算子在垂直于导数方向执行近似于高斯平滑的处理，相对于 Prewitt 算子而言，Sobel 的效果更好一些。

7.2.5 Roberts算子

Roberts算子也称为交叉微分算子。Roberts算子模板是一个2×2的模板，左上角的是当前待处理像素$f(x,y)$，则交叉微分算子定义如式（7-18）所示。

$$\nabla f = |f(x+1,y+1) - f(x,y)| + |f(x+1,y) - f(x,y+1)| \quad (7-18)$$

其模板可以表示为图7.7所示。

$$D_1 = \begin{bmatrix} -1 & 0 \\ 0 & 1 \end{bmatrix} \quad\quad D_2 = \begin{bmatrix} 0 & -1 \\ 1 & 0 \end{bmatrix}$$

图 7.7 Roberts 计算模板

Roberts算子根据任一相互垂直方向上的差分来估计梯度，Robert算子采用对角线方向相邻像素之差来检测图像边缘。该算法计算简单，速度快。但是，该算法对噪声敏感，适用于边缘比较明显并且噪声很低的图像。此外，Roberts算子检测的边缘不够平滑，检测出来的图像边缘较宽，Roberts算子的边缘定位精度不高，不能够准确定位到图像的边缘。

例 7-2 图像一阶微分锐化与边缘检测实例。

```
*读取图像
read_image(Image,'E:/示例/7-2.png')
*Kirsch边缘检测
kirsch_amp(Image,KirschEdge)
*Kirsch边缘检测后锐化效果
add_image(Image,KirschEdge,KirschSharpen,1,0)
*Sobel边缘检测
sobel_amp(Image,SobelEdge,'sum_abs',3)
*Sobel边缘检测后锐化效果
add_image(Image,SobelEdge,SobelSharpen,1,0)
*Prewitt边缘检测
prewitt_amp(Image,PrewittEdge)
*Prewitt边缘检测后锐化效果
add_image(Image,PrewittEdge,PrewittSharpen,1,0)
*Roberts边缘检测
roberts(Image,RobertsEdge,'gradient_sum')
*Roberts边缘检测后锐化效果
add_image(Image,RobertsEdge,RobertsSharpen,1,0)
```

一阶微分算子边缘检测与锐化结果如图7.8所示。

(a) 原图

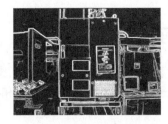
(b) Kirsch边缘检测

(c) Kirsch锐化

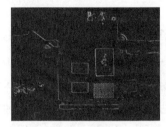
(d) Sobel边缘检测

(e) Sobel锐化

(f) Prewitt边缘检测

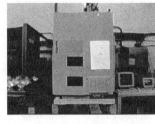
(g) Prewitt锐化

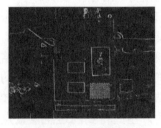
(h) Roberts边缘检测

(i) Roberts锐化

图 7.8 一阶微分算子边缘检测与锐化结果示意图

一阶微分算子是利用图像的一阶导数进行边缘检测，属于梯度算子范畴。以上一阶微分算子中，Sobel算子的效果是最好的。该算子实际是一种类似于加权平均的方式来计算梯度，虽然Prewitt也是加权平均，但Sobel算子认为邻域内的像素对中心像素影响的权重应该不同，距离越远影响越小。

7.3 二阶微分算子

当图像上的灰度分布比较均匀时，采用一阶微分算子可能找不到边界。此时，可以采用二阶微分算子对图像进行边缘检测。采用二阶微分算子进行边缘检测的理论依据是边缘点的二阶导数出现零交叉的原理。边缘检测是根据图像在边缘位置像素值发生突变的性质。图像的一阶微分算子对应了边缘发生突变的峰值，其二阶微分刚好是零交叉位置。因此，可以采用图像的二阶微分算子对图像进行边缘检测。常用的二阶微分算子有拉普拉斯算子（Laplacian）、高斯-拉普拉斯算子（Laplacian of Gaussian，LOG）、高斯差分算子（Difference of Gaussian，DOG）等。

7.3.1 Laplacian算子

Laplacian 算子是通过二阶微分来检测图像的边缘，图像的二阶微分算子定义见式（7-12）和式（7-13）。Laplacian 算子的定义是图像在 x 和 y 方向的二阶微分算子之和，如式（7-19）所示。

$$\nabla^2 f = \frac{\partial^2 f}{\partial x^2} + \frac{\partial^2 f}{\partial y^2} \tag{7-19}$$

将式（7-12）和式（7-13）代入式（7-19），则 Laplacian 算子表现为如式（7-20）所示形式。

$$\nabla^2 f = f(x+1, y) + f(x-1, y) + f(x, y+1) + f(x, y-1) - 4f(x, y) \tag{7-20}$$

注意，图像的梯度计算是采用差分的方式来表示的，差分有前向差分和后向差分两种，即前一个像素值减去后一个像素值和后一个像素值减去前一个像素值。不管哪种差分，影响的只是计算的正负符号。因此，式（7-20）也可以将式（7-12）和式（7-13）所示的前向二阶差分算子改成后向差分，对结果没有影响。由式（7-20）可知，Laplacian 算子表现的是中心像素与上下左右四个相邻像素之间的关系。这种计算也可以用模板卷积的方式实现。Laplacian 算子写成模板的形式如图 7.9 所示。图 7.9 所示表示的是采用前向差分和后向差分所得到的两种模板，这两种模板的计算结果是一样的。

二阶微分算子所提取出的细节较一阶微分算子提出的细节多，表明了二阶微分算子对图像细节更加敏感。但是，二阶微分算子对噪声也比较敏感。此外，二阶微分算子是基于二阶导数过零点进行检测的，由此得到的边缘像素点可能偏少。

Laplacian 算子没有考虑对角线上像素值的影响。如果将对角线上的像素也考虑进去，则有图 7.10 所示两种比较常用的改进的 Laplacian 算子模板。

$$L_1 = \begin{bmatrix} 0 & 1 & 0 \\ 1 & -4 & 1 \\ 0 & 1 & 0 \end{bmatrix} \quad L_2 = \begin{bmatrix} 0 & -1 & 0 \\ -1 & 4 & -1 \\ 0 & -1 & 0 \end{bmatrix} \quad L_3 = \begin{bmatrix} 1 & 1 & 1 \\ 1 & -8 & 1 \\ 1 & 1 & 1 \end{bmatrix} \quad L_4 = \begin{bmatrix} -1 & 2 & -1 \\ 2 & -4 & 2 \\ -1 & 2 & -1 \end{bmatrix}$$

（a）　　　　　　　　（b）　　　　　　　　（a）　　　　　　　　（b）

图 7.9　Laplacian 算子两种模板　　　　　图 7.10　改进的 Laplacian 算子模板

Laplacian 是一种微分算子，强调图像中灰度的突变的区域。与一阶微分算子类似，将原始图像和拉普拉斯图像叠加在一起，可以得到图像 Laplacian 锐化处理的效果。设原图为 $f(x,y)$，锐化处理后的图像为 $g(x,y)$，则锐化可以用式（7-21）表示。

$$g(x, y) = f(x, y) + \nabla^2 f(x, y) \tag{7-21}$$

如果用模板表示，如图 7.11 所示两种模板是常用 Laplacian 锐化模板。

$$L_5 = \begin{bmatrix} 0 & -1 & 0 \\ -1 & 5 & -1 \\ 0 & -1 & 0 \end{bmatrix} \quad L_6 = \begin{bmatrix} -1 & -1 & -1 \\ -1 & 9 & -1 \\ -1 & -1 & -1 \end{bmatrix}$$

（a）　　　　　　　　（b）

图 7.11　常用两种 Laplacian 锐化模板

7.3.2 LOG算子

二阶微分算子对图像细节更加敏感。但是，二阶微分算子对噪声也比较敏感。为了避免图像二阶微分受噪声影响，可以在求解之前对图像进行平滑处理。LOG 算子即采用这种处理方式。

LOG 算子称为高斯拉普拉斯算子，该算子先对图像进行高斯平滑滤波，再使用 Laplacian 算子进行边缘检测，以降低噪声的影响。可以证明，该算子可以先对高斯函数求二阶导，然后再与原图进行卷积运算。设原图像为 $f(x,y)$，高斯滤波算子如式（7-22）所示。

$$g(x,y) = e^{-(x^2+y^2)/2\sigma^2} \qquad (7\text{-}22)$$

式（7-22）对 x 求一阶导和二阶导：

$$\frac{\partial}{\partial x}g(x,y) = \frac{\partial}{\partial x}e^{-(x^2+y^2)/2\sigma^2} = -\frac{x}{\sigma^2}e^{-(x^2+y^2)/2\sigma^2} \qquad (7\text{-}23)$$

$$\frac{\partial^2}{\partial^2 x}g(x,y) = \frac{x^2}{\sigma^4}e^{-(x^2+y^2)/2\sigma^2} - \frac{1}{\sigma^2}e^{-(x^2+y^2)/2\sigma^2} = -\frac{x^2-\sigma^2}{\sigma^4}e^{-(x^2+y^2)/2\sigma^2} \qquad (7\text{-}24)$$

同理，可以对 y 求一阶导和二阶导。LOG 算子核函数定义为高斯函数分别对 x 和 y 的二阶导数之和，如式（7-25）所示。

$$\text{LOG} = \frac{\partial^2}{\partial^2 x}g(x,y) + \frac{\partial^2}{\partial^2 y}g(x,y) = \frac{x^2+y^2-2\sigma^2}{\sigma^4}e^{\left(-\frac{x^2+y^2}{2\sigma^2}\right)} \qquad (7\text{-}25)$$

式（7-25）定义了 LOG 算子的卷积核，将此与原图进行卷积运算，即为 LOG 算子的边缘检测结果。

常用 5×5 的 LOG 卷积模板如图 7.12 所示。

$$\begin{bmatrix} 0 & 0 & -1 & 0 & 0 \\ 0 & -1 & -2 & -1 & 0 \\ -1 & -2 & 16 & -2 & -1 \\ 0 & -1 & -2 & -1 & 0 \\ 0 & 0 & -1 & 0 & 0 \end{bmatrix} \qquad \begin{bmatrix} -2 & -4 & -4 & -4 & -2 \\ -4 & 0 & 8 & 0 & -4 \\ -4 & 8 & 24 & 8 & -4 \\ -4 & 0 & 8 & 0 & -4 \\ -2 & -4 & -4 & -4 & -2 \end{bmatrix}$$

（a） （b）

图 7.12　LOG 卷积模板

LOG 算子是根据图像的信噪比来求出检测边缘的最优滤波器。该方法综合考虑了对噪声的抑制和对边缘的检测两个方面。LOG 滤波方法能很好检测出边缘，抗干扰能力强，边界定位精度高，边缘连续性好，且能提取对比度弱的边界。该算子与视觉生理中的数学模型相似，因此在图像处理领域中得到了广泛的应用。

7.3.3 DOG算子

DOG 算子称为高斯差分算子，该算子是将图像在不同参数下的高斯滤波结果进行相减，得到差分图。二维高斯函数的 σ 可以称为尺度参数，σ 取不同的值，可以得到不同尺度的高斯滤波结果。将不同尺度的滤波结果进行减法运算,则得到高斯差分的结果。DOG 算子与 LOG 算子的结果相近。但是,DOG 算子的运算速度更快,所以,通常在速度要求更快的情况下,用 DOG 算子代替 LOG 算子进行边缘检测。定义两个尺度参数 σ_1 和 σ_2,DOG 算子定义如式(7-26)所示。

$$DOG = g_{\sigma_1}(x,y) - g_{\sigma_2}(x,y) = \frac{1}{\sqrt{2\pi}}\left(\frac{1}{\sigma_1^2}e^{-(x^2+y^2)/2\sigma_1^2} + \frac{1}{\sigma_2^2}e^{-(x^2+y^2)/2\sigma_2^2}\right) \quad (7\text{-}26)$$

7.4 Canny算子

Canny 算子是 John F. Canny 于 1986 年开发出来的一个多级边缘检测算法。该算子的目标是找到一个最优的边缘检测算法,Canny 定义的最优边缘检测包括以下几个方面:首先,算法能够尽可能多地标识出图像中的实际边缘;其次,标识出的边缘要与实际图像中的实际边缘尽可能接近;最后,图像中的边缘只能标识一次,并且可能存在的图像噪声不应标识为边缘。根据 Canny 定义的最优边缘,一个好的边缘检测应该满足误判率低,边缘应该定位在实际边缘的中心,边缘应该是单一像素的。

Canny 算子进行边缘检测的步骤可以总结为以下步骤:
① 用高斯滤波器对图像进行平滑处理;
② 计算图像的梯度幅值和梯度方向角度;
③ 对梯度幅值图像进行非极大值抑制;
④ 用双阈值来检测和连接边缘。

Canny 算子首先利用高斯滤波对图像进行平滑,然后计算图像的梯度幅值与方向角。并且,将方向角归并到 0、45、90 和 135 四个方向。然后,对梯度幅值图像进行非极大值抑制。非最大值抑制将在 0、45、90 和 135 四个方向分别处理。将梯度方向上最大梯度值保留,将其他像元删除。最后,Canny 算子使用两个阈值来判断边缘点是否是真实的边缘,即一个高阈值和一个低阈值来区分边缘像素。如果边缘像素点梯度值大于高阈值,则被认为是强边缘点;如果边缘梯度值小于高阈值,大于低阈值,则标记为弱边缘点,小于低阈值的点则被抑制掉。强边缘点可以认为是真的边缘,弱边缘点则可能是真的边缘,也可能是噪声引起的。为得到精确的结果,Canny 算子认为真实边缘引起的弱边缘点和强边缘点是连通的,而噪声引起的弱边缘点则不连通。该算子采用滞后边界跟踪算法检查一个弱边缘点的八连通邻域像素,只要在邻域内有强边缘点存在,那么这个弱边缘点被认为是真实边缘保留下来。反之,抑制这条弱边缘。

例 7-3 二阶微分算子以及边缘检测实例。

```
*读取图像
read_image(Image,'E:/示例/7-3.png')
*Laplacian算子进行边缘检测
laplace(Image,ImageLaplace,'absolute',5,'n_4')
*Laplacian算子结果加上原图,得到图像锐化结果
```

```
add_image(Image,ImageLaplace,LaplaceSharpen,1,0)
*LOG算子
laplace_of_gauss(Image,ImageLaplace1,2)
*DOG算子
diff_of_gauss(Image,DiffOfGauss,3,1.6)
*Canny算子
edges_image(Image,ImaAmp,ImaDir,'canny',1,'nms',20,40)
```

图 7.13 是例 7-3 的运行结果。

图 7.13 二阶微分算子以及边缘检测和锐化结果

二阶微分算子采用二阶导数过零点的方式进行边缘检测。Laplacian 算子直接采用了图像的二阶导数进行计算，不能排除图像噪声的干扰，LOG 算子能够很好地去除噪声，DOG 的结果与 LOG 接近，但是计算速度比 LOG 更快。但是，上述的二阶微分算子只是提取了图像中的细节部分，如果要得到图像中的边缘像素点，还需要对二阶微分结果进行阈值化操作。比如，将小于阈值的点置为黑色，将大于阈值的点置为白色，即可将图中目标物的边缘信息提取出来。

总体而言，二阶微分算子检测出边界的细节信息比较多，获得的是比较细致的边界。反映的边界信息包括了更多的细节信息，但是所反映的边界不是太清晰。一阶微分算子检测出的轮廓比较粗略，反映的边界信息较少，但是检测出的轮廓比较清晰。

习 题

7.1 什么是图像锐化与边缘检测？两者之间有什么区别和联系？
7.2 解释图像梯度的概念。

7.3 推导图像一阶导数和二阶导数的计算公式。

7.4 图像矩阵数据如下矩阵 A 所示，计算其梯度。

$$A = \begin{bmatrix} 24 & 23 & 24 & 22 & 21 \\ 27 & 26 & 27 & 23 & 20 \\ 32 & 34 & 31 & 26 & 25 \\ 41 & 26 & 28 & 34 & 44 \\ 12 & 43 & 24 & 22 & 31 \end{bmatrix}$$

7.5 图像矩阵数据如题 7.4 所示的矩阵 A，分别用水平微分、垂直微分、Soble 算子、Laplacian 算子、LOG 算子对其进行锐化，写出计算公式和结果。

7.6 说明 Canny 算子边缘检测的原理和准则。

7.7 用 HALCON 读取一幅图像，利用 Soble 算子、Roberts 算子、Lapacian 算子和 LOG 算子对其进行边缘检测，比较和讨论每种算子的结果。

第8章

08

数学形态学处理

形态学是生物学中研究动物和植物的形态和结构学科，属于生物学的一个分支。图像形态学处理算法是指利用数学形态学方法对图像进行分析和处理。数学形态学是借用生物形态学这一名词。利用数学形态学工具可以实现对图像的形态学滤波、边界提取、孔洞填充、图像细化等一系列图像预处理和特征提取等操作。数学形态学是分析图像的有力工具。利用形态学处理方法往往可以达到很好的效果。

数学形态学是以集合论为基础的一系列运算方法。数学形态学运用在图像处理中，其集合表示图像中的不同对象。通过对集合中的对象进行运算，实现对图像的处理。形态学方法运用在图像中，主要是对二值图像进行处理。在二值图像中，只有黑白两种像素，代表了两种不同的集合。但是，数学形态学工具，也可以扩展到对灰度图的处理。形态学的基本方法是膨胀、腐蚀。由这两种运算方式又扩展出很多其他运算方法，如开运算、闭运算、击中击不中、针对灰度图的膨胀、腐蚀、开运算、闭运算、形态学梯度、顶帽、底帽运算等。

8.1 形态学运算基础

形态学运算的数学基础是集合论。通常用大写字符 A、B、C 等表示一个集合，一个集合中包含 0 个或多个元素。集合中的元素用小写字符 a、b、c 等表示。在数字图像中，元素指的是图像的像素点，其坐标用整数对 (x,y) 来表示，如元素 $a=(x,y)$。集合与元素的关系是属于和不属于的关系。设有集合 A 以及元素 a 和 b，如果 a 在集合 A 内，则表示为式（8-1）所示。

$$a \in A \tag{8-1}$$

否则，表示为式（8-2）所示。

$$a \notin A \tag{8-2}$$

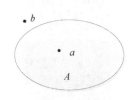

图 8.1 集合与元素的关系

式（8-2）称为 a 不属于 A。例如，集合 $A=\{1,2,3,4,5\}$，$a=2$，$b=6$，则 $a \in A$ 而 $b \notin A$。在数字图像中，像素点通常用二维坐标表示其位置，因此，集合 A 通常用点来表示，如 p_1，p_2。例如，A 集合包含 5 个点表示为 $A=\{p_1,p_2,p_3,p_4,p_5\}$，其中每个点又表示为坐标的形式，如 $p_i(x_i,y_i)$。假设 $A=\{p_1,p_2\}$，$p_1=(1,1)$，$p_2=(1,2)$，如果 $a=\{1,1\}$，$b=\{2,2\}$，则 $a \in A$ 而 $b \notin A$。图 8.1 用图示的方式表示了集合与元素之间的关系。

集合中可以没有元素，也就是不包含任何元素，这时称集合为空集，用符号 $\varnothing$ 表示。除了集合与元素之间的关系外，还有集合与集合之间的关系。设有集合 A 和 B，如果集合 A 中的每一个元素都是集合 B 中的元素，则称集合 A 是集合 B 的子集，记为式（8-3）所示。

$$A \subseteq B \tag{8-3}$$

两个集合之间可以求交集，交集为同时属于两个集合中的元素，如图 8.2（a）所示，设交集用 C 表示，式（8-4）是两个集合求交集的形式。

$$C = A \cap B \tag{8-4}$$

两个集合之间可以求并集，并集将两个集合合并为一个集合，新集合包含原来两个集合的所有元素，如图 8.2（b）所示，设并集用 D 表示，式（8-5）表示两个集合求并集。

$$D = A \cup B \tag{8-5}$$

如果 A、B 两个集合没有共同元素，则两个集合的交集为空，记为 $A \cap B = \varnothing$。表示两个集合互斥。

集合 A 的补集用符号 A^c 表示。补集是由不属于 A 的所有元素组成的集合，如图 8.2（c）所示。设集合 A 是由元素 a 构成的集合，则 A^c 可以表示为式（8-6）所示形式。

$$A^c = \{a \mid a \notin A\} \tag{8-6}$$

集合 A 与集合 B 的差集表示为 $A-B$，如图 8.2（d）所示。其结果是集合 A 与集合 B 的补集之间求交集，用式（8-7）表示如下：

$$A - B = A \cap B^c \tag{8-7}$$

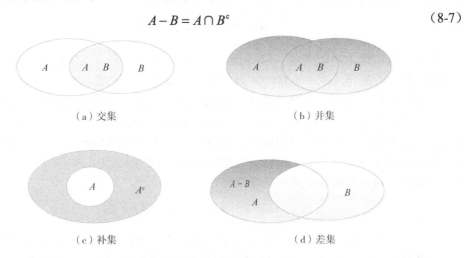

（a）交集　　　　　　　　　　（b）并集

（c）补集　　　　　　　　　　（d）差集

图 8.2　集合之间的运算

集合的平移定义为集合 A 平移到某一点 z。设集合 A 中的元素为 a，集合 A 平移后表示为 $(A)_z$，其定义如下：

$$(A)_z = \{c = a + z \mid a \in A\} \tag{8-8}$$

集合的反射是指将集合中的元素相对于原点旋转 180°。设有集合 A，其元素有 a，定义集合 A 的反射用符号 $\hat{A}$ 表示，则有如下表示：

$$\hat{A} = \{w = -a \mid a \in A\} \tag{8-9}$$

对于由图像数据组成的集合而言，集合的反射就是将图像中的像素点相对于原点旋转了 180°，原来的坐标 (x,y) 变成了 $(-x,-y)$。

8.2　二值图像形态学运算

数学形态学运算应用在图像处理中，最早是对二值图像进行运算处理。其中，膨胀与腐蚀运算是形态学中的基本运算。其他形态学运算方法都是由这两种运算进行组合得到的。图像的数学形态学运算是指二值图像与一个结构元素进行集合运算。结构元素是事先定义好的一幅图像，类似于空域平滑滤波的卷积模板。结构元素可以是任意的形状，如圆形、矩形、直线、十字形等。形态学运算就是将结构元素覆盖在二值图像上，与二值图像上对应位置进行运算的结果。结构元素通常比原图像小，将结构元素在二值图上进行移动，直到所有位置都运算完成，则一个形态学运算结束。结构元素需要指定一个原点，该原点是与其运算的二值图像中的参考点。

8.2.1 膨胀运算

设有二值图像集合 A 和结构元素 B 并且 A 和 B 属于二维整数空间 Z^2，膨胀可以表示为 $A \oplus B$。A 被 B 膨胀可以定义为式（8-10）所示。

$$A \oplus B = \left\{ z \mid (\hat{B})_z \mid A \neq \varnothing \right\} \quad (8\text{-}10)$$

假设二值图像中的前景用"1"表示，背景用"0"表示，式（8-10）是 A 被 B 膨胀后所有位移 z 的集合，B 的映射与 A 至少有一个元素是重叠的。如果把结构元素 B 看成是一个卷积模板，则膨胀运算的过程和图像与结构元素进行卷积运算的过程类似。结构元素 B 经过映射后，其原点在二值图像上进行移动，每移动一个位置，判断映射后的结构元素与所覆盖的二值图像是否有重叠部分，如果存在重叠部分，则结构元素原点对应的二值图像位置赋值为"1"。否则，二值图像不进行任何改变。式（8-11）是膨胀运算的另一种表示方式，与式（8-10）是等价的。

$$A \oplus B = \left\{ w \in Z^2 \mid w = a + b, a \in A, b \in B \right\} \quad (8\text{-}11)$$

在实际应用过程中，结构元素往往采用的是中心对称结构，结构元素的映射结果与映射之前没有变化。因此，这时候，直接采用结构元素的原点在二值图像上移动，判断结构元素与二值图像是否存在重叠部分。但是，这种方法从技术上来讲是不对的。

图 8.3 是膨胀运算的示意图。图 8.3 中，左边的图像是二值图像，其值只有"0"和"1"，中间的是 3×3 的结构元素，其值为"1"，右边的是膨胀运算的结果。由于采用的结构元素是中心对称结构，所以不需要再进行映射操作。3×3 的结构元素的原点在二值图像上移动，如果结构元素与二值图像的交集不为空集，则原点对应的二值图像上对应位置赋值为"1"，否则，原二值图不发生变化，然后结构元素的原点在二值图像上进行移动，直到所有位置运算完成，膨胀运算结果。

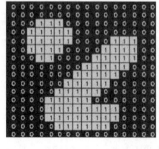 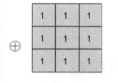 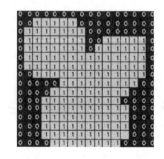

图 8.3　膨胀运算示意图

从膨胀运算的结果来看，相当于对原图像的四周进行了填充。如果图像内部存在小的孔洞，或者外边缘有小的凹陷等情况，通过膨胀运算，可以将这些小的孔洞和凹陷进行填充。从图像运行结果来看，膨胀运算后的图像值为"1"的区域变大了，因此称为膨胀。此外，如果图像中存在断裂的情况，可以通过膨胀运算将断裂部分进行连接。

例 8-1 图像膨胀运算示例。

```
*读取图像
read_image(Image,'E:/示例/8-1.bmp')
*设置颜色为白色
dev_set_color('white')
*二值化处理
threshold(Image,Regions,132,255)
*膨胀运算
dilation_circle(Regions,RegionDilation,5.5)
```

图 8.4 是例 8-1 的运行结果图像显示。

（a）原图　　　　　　　　　（b）二值化图像　　　　　　　　（c）膨胀结果

图 8.4　膨胀运算结果

例 8-1 中，图像经过二值化之后，得到二值图像，在二值图像中，字符部分存在断裂和孔洞的情况，通过膨胀运算之后，二值图像白色区域图像整体向外扩展，从而将断裂部分进行连通，将孔洞部分进行了填充。例 8-1 选择的结构元素为圆形结构。

8.2.2　腐蚀运算

设有二值图像集合 A 和结构元素 B 并且 A 和 B 属于二维整数空间 Z^2，腐蚀可以表示为 $A\ominus B$。A 被 B 腐蚀可以定义为式（8-12）所示。

$$A\ominus B=\{z\,|\,(B)z\subseteq A\} \qquad (8\text{-}12)$$

与膨胀运算类似，设二值图像中前景用"1"表示，背景用"0"表示。式（8-12）是 A 被 B 腐蚀后所有位移 z 的集合，该集合是结构元素的原点在二值图像上移动时，结构元素 B 完全包含于 A 中所有点的集合。结构元素 B 可以看成是一个卷积模板，进行腐蚀运算时，二值图像与结构元素进行与卷积运算类似的运算。结构元素的原点在二值图像上进行移动，每移动一个位置，判断结构元素是否完全包含于二值图像中，如果包含于其中，则结构元素的原点对应二值图像的对应位置设置为"1"，否则，对应的二值图像中的值赋值为"0"。式（8-13）是腐蚀运算的另一种表示方式，与式（8-12）是等价的。

$$A \ominus B = \{w \in Z^2 \mid w+b,\ b \in A, b \in B\} \qquad (8\text{-}13)$$

图 8.5 是进行腐蚀运算的示意图，图 8.5 中，左边的图像是二值图像，其值只有"0"和"1"，中间的是 3×3 的结构元素，其值为"1"，右边的是腐蚀运算的结果。3×3 的结构元素原点在二值图像上移动，每移动一个位置，判断对应位置是否与结构元素完全相同，如果相同，则将结构元素的原点位置对应的二值图像位置的值赋值为"1"，否则，原点对应的原二值图像位置赋值为"0"。结构元素在二值图像上进行移动，直到所有位置运算完成，腐蚀运算结果。

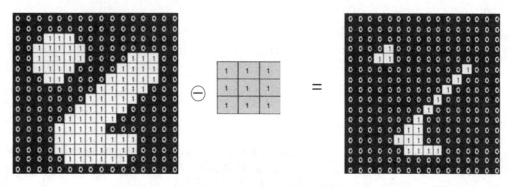

图 8.5　腐蚀运算示意图

从图 8.5 可以看出，腐蚀运算相当于将原二值图像的四周向内进行了收缩。与膨胀运算相反，腐蚀运算可以将相连接的对象进行分割。同时，腐蚀运算也可以去掉图像中的某些部分。如果二值图像中存在某些杂点，则可以通过腐蚀运算将这些杂点去掉。从图像上来看，经过腐蚀运算后，图像值为"1"的区域缩小了，类似于被腐蚀掉了，因此称为腐蚀运算。

腐蚀运算和膨胀运算是对偶运算，因此，式（8-14）和式（8-15）是成立的。

$$(A \ominus B)^c = A^c \oplus \hat{B} \qquad (8\text{-}14)$$

$$(A \oplus B)^c = A^c \ominus \hat{B} \qquad (8\text{-}15)$$

例 8-2　图像腐蚀运算示例

```
*读取图像
read_image(Image,'E:/示例/8-2.bmp')
*设置颜色为白色
dev_set_color('white')
*二值化处理
threshold(Image,Regions,35,109)
*腐蚀运算
erosion_circle(Regions,RegionErosion,3.5)
```

图 8.6 是例 8-2 的运行结果图像显示。

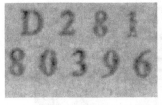  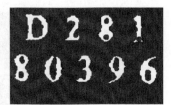

(a)原图　　　　　　　　　（b）二值化图像　　　　　　　（c）腐蚀结果

图 8.6　腐蚀运算结果

例 8-2 中，图像经过二值化之后，得到二值图像，在二值图像中，图像中存在一些细小的杂点，通过腐蚀运算之后，二值图像白色区域图像整体向内收缩，从而将杂点部分进行了过滤。例 8-2 选择的结构元素为圆形结构。

8.2.3　开运算和闭运算

开运算和闭运算是两种从膨胀和腐蚀通过组合得到的运算。开运算是先腐蚀后膨胀的组合运算，闭运算是先膨胀后腐蚀的组合运算。设图像集合 A，结构元素 B，A 与 B 的开运算表示为 $A \circ B$，A 与 B 的闭运算表示为 $A \cdot B$。式（8-16）和式（8-17）是开运算和闭运算的公式表示。

$$A \circ B = (A \ominus B) \oplus B \tag{8-16}$$

$$A \cdot B = (A \oplus B) \ominus B \tag{8-17}$$

对于开运算而言，首先进行的是腐蚀运算，根据腐蚀运算的特点，图像在腐蚀之后，可以排除图像中的部分杂点，如果存在本来应该分离的区域发生了连接，也可以通过腐蚀将其分离；然后，对腐蚀结果再进行膨胀运算，可以得到平滑的边缘。经过开运算之后，二值图中特征区域的总面积变化不大，但是清除掉了部分尖细突出的目标。开运算是一个基于几何基元的滤波，其滤波的效果与结构元素的形状和大小有关。

同理，对于闭运算而言，首先进行的是膨胀运算，由此可以对图像中的细小孔洞等特征进行填充；然后，再对膨胀结果进行腐蚀，同样可以得到平滑的边缘。经过闭运算之后，二值图中的特征区域与开运算时类似，总面积没有太大变化，但是能够对特征中的间断部分或者细小孔洞部分进行填充，并且也可以平滑边缘。具体填充的孔洞大小与结构元素的形状和大小有关。图 8.7 和图 8.8 是开运算和闭运算示意。

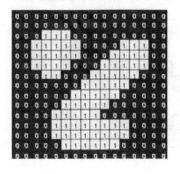 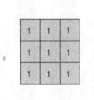 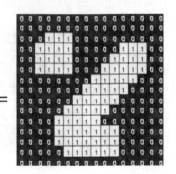

图 8.7　开运算示意图

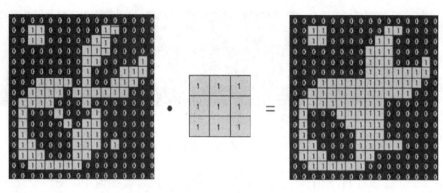

图 8.8 闭运算示意图

开运算和闭运算虽然只是图像与结构元素的运算顺序不同,但是两者的运算结果是完全不一样的,其应用的场合也有一定区别。开运算消除了图像中的噪声,而闭运算连通了更多的区域。

例 8-3 图像开运算和闭运算示例。本例采用的图像与例 8-2 的图像是一样的。

```
*读取图像
read_image(Image,'E:/示例/8-3.bmp')
*二值化处理
threshold(Image,Regions,35,109)
*开运算
opening_circle(Regions,RegionOpening,3.5)
*闭运算
closing_circle(RegionOpening,RegionClosing,10.5)
```

图 8.9 是例 8-3 的运行结果。

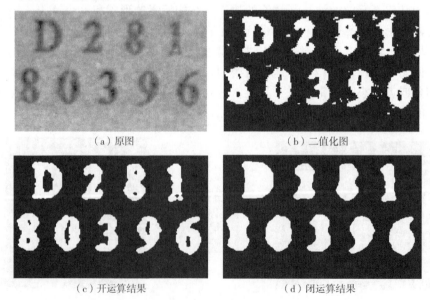

(a) 原图　　　　　　　　　　　　(b) 二值化图

(c) 开运算结果　　　　　　　　　(d) 闭运算结果

图 8.9 开运算和闭运算示例

由图 8.9 可以看出，经过开运算之后，图像中的细小结构被过滤掉了，再经过闭运算，将字符中间存在孔洞的位置进行了填充，由此可以完全将字符所覆盖的原图像区域单独取出来进行后续处理。

8.2.4 击中击不中变换

击中击不中变换是用于形状检测的工具。该方法可以用于连通区域子图像的匹配和定位。假设二值图像 A 是由若干互相独立的子图像构成，各个子图像之间互不连通。而且，相互之间间隔一定的距离，各个子图像的边界之间至少间隔一个像素的距离。设结构元素为 B，B 由前景 X 和背景（$W-X$）组成，则击中击不中变换的定义为式（8-18）所示。

$$A \circledast B = (A \ominus X) \cap [A^c \ominus (W-X)] \tag{8-18}$$

如果令 $B=(B_1, B_2)$，B_1 代表结构元素 B 的前景，B_2 代表结构元素 B 的背景。即 $B_1=X$，$B_2=W-X$，则式（8-18）可以表示为更加简洁的一种方式：

$$A \circledast B = (A \ominus B_1) \cap [A^c \ominus B_2] \tag{8-19}$$

式（8-19）能够更加清楚地表示击中击不中变换的原理。在这种变换中，结构元素有两个，分别为 B_1 和 B_2，两个结构元素的交集为空，分别代表前景和背景。在进行击中击不中变换时，让前景结构元素 B_1 和二值图像 A 进行腐蚀运算，让背景结构元素 B_2 和二值图像 A 的补集 A^c 进行腐蚀运算，最后两者之间的交集即为击中击不中变换的结果。该变换返回的结果是二值图像中找到与结构元素相同的图像的位置点，但是在 HALCON 中得到的是结构元素所在二值图像中的区域。可以通过 HALCON 算子得到区域的位置。图 8.10 是击中击不中变换的图示。

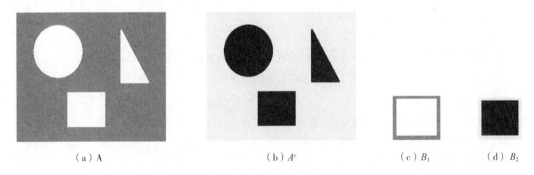

(a) A　　　　　(b) A^c　　　　　(c) B_1　　　(d) B_2

图 8.10　击中击不中变换示意

8.10（a）表示一幅二值图像，白色为前景，其中有三个各自独立的几何元素。黑色为背景，为了显示方便，用暗灰色代替黑色显示。图 8.10（b）是图 8.10（a）的补集，背景为白色，为了显示方便，这里将白色用比较接近的灰白色代替，图 8.10（c）是结构元素前景图像，图 8.10（d）是图 8.10（c）的补集。同样，为了显示方便，白色用了接近的灰白色代替。

在进行击中击不中变换时，首先用 B_1 对图像 A 进行腐蚀运算，B_1 中前景为白色的正方形，其大小与 A 中的正方形一样大。经过腐蚀之后，A 中的圆将变成一个比较小的棱形，而三角形将不存在，由于 A 中的正方形与 B_1 前景中的正方形一样大，A 中的正方形变成一个白色的点。如图 8.11（a）所示。用 B_2 对图像 A^c 进行腐蚀运算，此时，由于结构元素和二值图的运算只考虑像素值为"1"的运算结果，A^c 中背景部分的像素值变成了"1"，因此，A^c 中的圆和三角形将被完全腐蚀掉，而正方形刚好和 B_2 一样大，经过腐蚀后留下一个白点。如图 8.11（b）所示。让 $A \ominus B_1$ 和 $A^c \ominus B_2$ 的结果求交集，结果只留下一个白点，即 A 中正方形所在的中心位置。如图 8.11（c）所示。

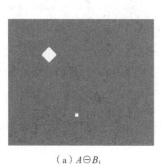

（a）$A \ominus B_1$　　　　　　（b）$A^c \ominus B_2$　　　　　　（c）$A \ominus B_1 \cap A^c \ominus B_2$

图 8.11　击中击不中运算结果

击中击不中变换用于检测图像中是否存在与结构元素相同的形状。如果存在，表示击中，返回的结果是相同形状所在的位置，如果不存在，则表示击不中，返回为空。

例 8-4　击中击不中实例。

```
*读取一幅二值图像
read_image(Image,'E:/示例/8-4.bmp')
*将图像反转，得到原图像的补集
invert_image(Image,ImageInvert)
dev_set_color('white')
*根据图像长方形的大小，生成一个比原长方形大一圈的矩形，制作结构元素
gen_rectangle1(ROI_0,391,228,475,314)
*从图像中取出矩形区域图像
reduce_domain(Image,ROI_0,ImageReduced)
crop_domain(ImageReduced,ImagePart)
*原图像二值化
threshold(Image,Regions,15,255)
*剪切出来的图像二值化，作为结构元素 B1
threshold(ImagePart,Regions1,19,255)
*用 B1 对原图像进行腐蚀
erosion1(Regions,Regions1,RegionErosion,1)
*将剪切出来的图像进行翻转，用于制作结构元素 B2
invert_image(ImagePart,ImageInvert1)
*原图像翻转之后二值化
threshold(ImageInvert,Regions2,19,255)
*结构元素 B2 图像二值化
```

```
threshold(ImageInvert1,Regions3,20,255)
*用B₂对原图翻转之后的图像进行腐蚀
erosion1(Regions2,Regions3,RegionErosion1,1)
*设置显示颜色为红色
dev_set_color('red')
*对两次腐蚀结果求交集，得到击中击不中的结果
intersection(RegionErosion,RegionErosion1,RegionIntersection)
*得到区域的面积和中心
area_center(RegionIntersection,Area,Row,Column)
*在击中位置画一个圆显示出来
gen_circle(Circle,Row,Column,10.5)
*直接调用击中击不中算子
hit_or_miss(Regions,Regions1,Regions3,RegionHitMiss,1,1)
*得到区域的面积和中心
area_center(RegionHitMiss,Area1,Row1,Column1)
*在击中位置画一个圆显示出来
gen_circle(Circle1,Row1,Column1,10.5)
```

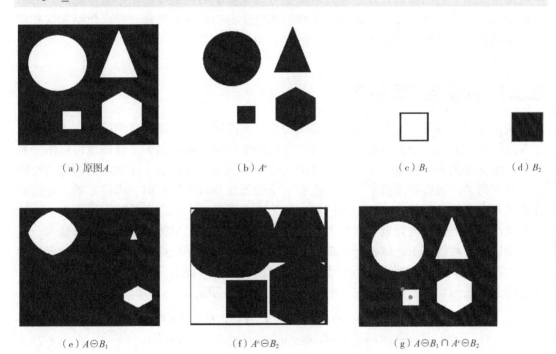

图 8.12　击中击不中变换结果

图 8.12 是例 8-4 的运行结果。为了说明击中击不中变换与 $A\ominus B_1$ 和 $A^c\ominus B_2$ 的交集结果一致，此例中，采用了一种比较复杂的方式实现。首先，将原图进行反转，得到原图的补集图像。然后，在原图像中取出长方形区域的图像，用于制作结构元素 B_1，并且将

B_1 进行反转，得到 B_1 的补集，即结构元素 B_2，再次，分别用 B_1 腐蚀 A 和 B_2 腐蚀 A^c。图 8.12（e）和（f）是腐蚀的结果。让腐蚀结果求交集，得到图 8.12（g）中长方形中间的红色圆点。最后，用过 HALCON 自带的 hit_or_miss 算子，让结构元素 B_1 和 B_2 对 A 进行击中击不中变换，得到图像，如图 8.12（g）中长方形左上角的红色圆点。注意，在 HALCON 中，击中击不中算子 hit_or_miss 得到的结果是一个区域（Region），其位置与 hit_or_miss 算子输入的行列参考位置有关，本例中，参考位置是(1,1)，所以击中后的位置位于长方形的左上角，当然也可以将其变换到长方形的中心位置。

例 8-4 通过实际图像说明了击中击不中变换的实现过程就是原图与结构元素腐蚀，原图的补集与结构元素的补集腐蚀，然后两者的交集就是击中击不中的结果。如果找到与结构元素相同的几何形状，则表示击中，否则，没击中。击中击不中变换即用于检测图像中是否存在与结构元素相同的形状。

8.3 灰度图像数学形态学运算

灰度图像的数学形态学运算是对二值图像数学形态学运算的扩展。灰度图像的形态学运算主要用于对图像进行预处理，从而更方便地实现后续操作。如形态学滤波、形态学梯度处理等。灰度图像数学形态学处理基本方法与二值图的处理一样，包括膨胀和腐蚀。由此衍生出其他处理方法，包括开运算、闭运算、形态学梯度、顶帽运算、底帽运算等。

8.3.1 灰度图膨胀与腐蚀

灰度图的膨胀与腐蚀与二值图的定义类似。灰度图像与二值图像的区别在于其记录了灰度信息。所以，形态学处理的定义与二值图像有些不同，因为二值图像可以用一系列的二维坐标来表示图像信息，而灰度图需要一个三维坐标表示，而且二值图像中结构元素是平坦的，没有灰度信息。但灰度图中结构元素是可以带有第三维信息的，即结构元素也是灰度的，这就带来了一些问题，因为二值图像中，形态学的输出结果完全由输入图像产生，但是结构元素一旦引入灰度信息，那么输出结果将不再由输入图像唯一确定。所以，一般情况下，结构元素都使用平坦结构。所谓平坦结构，就是指结构元素的高度为零，即结构元素的值全为 0。设灰度图像由函数 $f(x,y)$ 表示，结构元素用 $b(x,y)$ 表示，灰度图的膨胀与腐蚀的定义如式（8-20）和式（8-21）所示。

膨胀：$(f \oplus b)(x,y) = \max\{f(x-x',y-y')+b(x',y') \mid (x',y') \in D_b\}$ (8-20)

腐蚀：$(f \ominus b)(x,y) = \min\{f(x+x',y+y')-b(x',y') \mid (x',y') \in D_b\}$ (8-21)

式中，D_b 表示结构元素的定义域。由于结构元素通常采用平坦结构，而且，结构元素通常选择中心对称类型。因此，灰度图的膨胀与腐蚀实际上是将二值图的膨胀与腐蚀进行了扩展，将图像在结构元素覆盖区域内进行了最大化和最小化运算。换言之，灰度图的膨胀相当于在结构元素所覆盖的灰度图范围内选取其最大值代替结构元素的原点所对应的灰度图对应位置，而腐蚀则是取最小值代替结构元素原点所对应的灰度图对应位置。

灰度图膨胀可以提高高亮区域的面积，而腐蚀可以降低高亮区域的面积。通过膨胀运算，得到的图像比原图更加明亮，而且，可以减弱或者消除比较小的暗的细节部分。而腐蚀的结果与膨胀相反，得到的结果图像更暗，比较小的明亮部分被削弱或者消除了。

例 8-5 灰度图膨胀腐蚀运算示例。

```
*读取图像
read_image(Image,'E:/示例/8-5.bmp')
*生成结构元素
gen_disc_se(SE,'byte',9,9,0)
*灰度图膨胀
gray_dilation(Image,SE,ImageDilation)
*灰度图腐蚀
gray_erosion(Image,SE,ImageErosion)
```

灰度图膨胀腐蚀运算示意如图 8.13 所示。

（a）原图　　　　　　　　（b）膨胀　　　　　　　　（c）腐蚀

图 8.13　灰度图膨胀腐蚀运算示意

从例 8-5 的运行结果可以看出，通过膨胀运算之后，原图像中的比较小并且暗的区域被消除了，而腐蚀运算则将原图中比较亮的小区域消除了，扩大了暗区域。

8.3.2　灰度图开运算与闭运算

灰度图的开运算和闭运算是对膨胀和腐蚀进行各种组合的运算。其定义与二值图类似，灰度图的开运算定义为先腐蚀后膨胀，灰度图的闭运算定义为先膨胀后腐蚀。设灰度图像由函数 $f(x,y)$ 表示，结构元素用 $b(x,y)$ 表示。灰度图的膨胀与腐蚀的定义如式（8-22）和式（8-23）所示。

开运算：

$$f \circ b = (f \ominus b) \oplus b \tag{8-22}$$

闭运算：

$$f \cdot b = (f \oplus b) \ominus b \tag{8-23}$$

灰度图的开运算和闭运算常用来提取图像中具有特定形状和灰度结构的图像子区域。开运算通常用于消除图像中比较小的明亮细节部分。但是，又能够保持图像整体灰度和较大明亮区域不发生太大的变化。通过腐蚀运算可以消除图像中的细节部分，但是图像会变暗，然后进行膨胀运算，又会增加图像的整体亮度，但已经被消除的细节部分不会再次进入图像中。

同理，闭运算可以消除图像中的暗细节，而原来明亮部分不会受到影响。对灰度图进行膨胀运算后，去除掉了图像中的暗细节部分，但增加了图像的亮度，此时再进行腐蚀运算，会降低图像的亮度，而且已经被去除掉的暗细节不会再次进行图像。

8.3.3 形态学梯度

灰度图像的形态学梯度定义为图像膨胀的结果与腐蚀的结果之差。形态学梯度的定义形式如式（8-24）所示。

$$g=(f\oplus b)-(f\ominus b) \tag{8-24}$$

当结构元素采用平坦结构时，对图像进行膨胀得到的是图像中的局部最大值，对图像进行腐蚀运算可以得到图像中的局部极小值。将两者进行差分运算，则可以提取图像中灰度发生变化的部分，如果结合图像的阈值处理，则可以方便地利用形态学梯度提取图像中的边缘，实现边缘检测的效果。

形态学梯度能加强图像中比较尖锐的灰度过渡区，与常规的边缘检测梯度算子不同，用对称的结构元素得到的形态学梯度受边缘影响小，但是计算速度慢一些。

8.3.4 顶帽

顶帽运算定义为原灰度图像减去对其进行开运算的结果。顶帽运算的数学表达如式（8-25）所示。

$$T=f-f \circ b \tag{8-25}$$

顶帽运算对于增强阴影部分的细节很有用。开运算将消去图像中部分灰度值较高的部分，用原图减去开运算的结果，将得到被消去的部分。如果图像存在光照不均的情况，采用顶帽运算可以消除部分光照的影响，凸显背景下的前景目标对象。顶帽运算消去的亮度较高的值，类似于帽子的顶部，这一部分对应于图像中较亮的部分，也叫白色顶帽。

（a）原图　　　　　　　　　　　　（b）顶帽运算结果

图 8.14　顶帽运算

图 8.14 中，原图中的字符处于光照不均的白色背景中，如果需要对字符区域进行分割是非常不利的。因此，对原图进行顶帽运算，得到图 8.14（b）所示的结果。此时，可以得到与背景差别很大的字符区域，有利于后续的图像处理。

8.3.5 底帽

与顶帽运算类似，底帽运算也是用于增强图像中的细节。底帽运算的定义为原图闭运算的结果减去原图。底帽运算的数学表达式可以表示为式（8-26）。

$$B = f \cdot b - f \qquad (8\text{-}26)$$

底帽变换对应于图像中较暗的部分，也叫黑色底帽。该运算同样可以消除图像中的光照不均。不管是顶帽运算还是底帽运算，结构元素的大小对结果的影响非常重要。这两种运算主要用于消除背景的影响，通过该运算，背景的灰度变得更加均匀，而前景对象也将减少受到光照不均的影响。例 8-6 是两种运算的比较。

例 8-6 顶帽与底帽运算比较。

```
*读取图像
read_image(Image,'E:/示例/8-6.bmp')
*生成结构元素
gen_disc_se(SE,'byte',25,25,0)
*顶帽
gray_tophat(Image,SE,ImageTopHat)
*底帽
gray_bothat(Image,SE,ImageBotHat)
*生成结构元素
gen_disc_se(SE1,'byte',105,105,0)
*顶帽
gray_tophat(Image,SE1,ImageTopHat1)
*底帽
gray_bothat(Image,SE1,ImageBotHat1)
```

图 8.15 是两种运算采用不同大小的结构元素的运行结果。

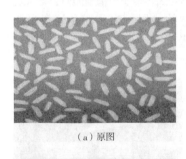
（a）原图

（b）顶帽（SE=25）

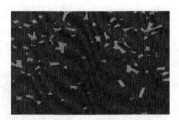
（c）底帽（SE=25）

（d）顶帽（SE=105）

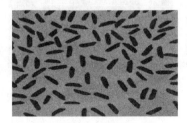
（e）底帽（SE=105）

图 8.15 顶帽与底帽运算比较

从图 8.15 可以看出，对于背景为黑色，前景为白色的对象，采用结构元素比较小的顶帽操作，可以将背景灰度均匀化，同时将前景凸显出来，但是底帽运算结果却不理想。但是，将结构元素尺寸加大之后，顶帽运算结果变化不大，而底帽运算结果同样可以将背景均匀并且凸显前景对象，但是背景和前景之间的灰度发生了反转。这是因为顶帽突出的是暗背景下的亮物体，而底帽凸显的是亮背景下的暗物体。当结构元素比较小的时候，图像将原图中的白色区域作为前景，黑色区域作为背景。因此，顶帽运算能够很好地凸显白色区域，而底帽运算则不能。当结构元素尺寸增大之后，顶帽运算同样凸显的是暗背景下的亮物体，因此变化不大，而底帽运算则将原来的背景当做是前景，而前景当做是背景。因此，在将背景变成前景凸显出来的同时，原来的前景变成了黑色同样也凸显出来了。如果将原图的灰度进行反转，可以得到类似的结果，但是，这时候进行顶帽运算的结构元素的尺寸需要增大，才能够凸显图像背景与前景之间的差别。

8.4 形态学运算的应用

数学形态学运算在数字图像处理中具有重要的作用，几乎所有的视觉图像处理都离不开形态学运算。不管是对二值图像的处理，还是灰度图像的处理，形态学运算都是有力的工具。在二值图像处理中，可以利用形态学方法实现断裂边界的连接，孔洞填充，消除小的区域，细化等操作。在灰度图的形态学数理中，可以实现边缘检测、形态滤波等功能。

8.4.1 二值图形态学应用

（1）边界提取

对二值图像分别进行膨胀和腐蚀运算，然后，将膨胀后的结果与二值图进行减法运算，或者将二值图与腐蚀结果进行相减，可以提取二值图像的边界。为了避免边界过于粗大，通常采用如 3×3 或 5×5 等比较小的结构元素进行膨胀或腐蚀运算。以上两种不同的相减对象可以分别得到外边界和内边界。如图 8.16 所示。

 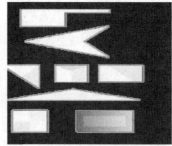 

　　　　（a）二值图　　　　　　　　　（b）外边界　　　　　　　　　（c）内边界

图 8.16　二值图形态学边界提取

（2）连通域提取与区域填充

二值图像中的连通域提取是很多图像处理的核心任务。通过得到的连通域再进行特征分析计算，可以实现识别、缺陷检测、定位等很多视觉检测任务。

设二值图像中的各个连通分量像素值为 255。因此，可以通过遍历图像，取一个连通分量中的像素点作为种子点，然后，通过结构元素对种子点进行膨胀运算，直到膨胀结果不再发生变化，再让其与原二值图求交集，即得到连通分量。然后再对二值图像进行遍历，取下一个连通域的种子点，继续以上操作，则可以得到二值图像中的所有连通域。

区域填充也是很多视觉图像处理中的重要任务。对于二值化图像，某些区域的像素值是已知的。但是，由于图像处理算法的原因，得到的二值图像可能在某个连通域内产生孔洞，此孔洞可能影响最后图像结果的判断。因此，在某些情况下需要对出现的孔洞进行填充。利用形态学的膨胀运算以及集合之间的补集、交集，可以方便快速地实现孔洞的填充。如果将形态学的操作限制在每个连通域内，则通过膨胀运算进行孔洞填充的时候，还可以保证连通域的边界不受到膨胀运算的影响。如图 8.17 所示。

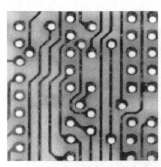 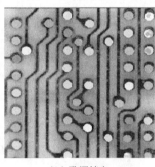

（a）原图　　　　　　　（b）提取连通域　　　　　　（c）孔洞填充

图 8.17　连通域提取与区域填充

（3）图像细化与骨架抽取

图像细化将二值图像中大于 1 个像素的线条宽度细化成只有一个像素宽度。细化后的图像中，各个连通域依旧保持连通，孔洞的数量依旧保持不变。在某些应用中对二值图像进行细化操作之后，更有利于对图像进行分析和处理。比如，具有很多线路的印刷电路板检测。

细化之后的图像线条只保留一个像素的宽度，更有利的图像分析是将保留的这个像素宽度位于线宽的中心。这个中心称为骨架。因此，细化的目的一般是抽取出线条的骨架。形成骨架后更容易分析图像，如提取图像的特征。细化基本思想是从线条边缘开始一层一层向里剥夺，直到线条剩下一个像素为止。这类算法有很多种，但是其基本思路是按照一定顺序进行击中击不中变换，在区域的边界上找到不属于骨架的那些点，然后删除它。图 8.18 是抽取骨架的示意图。

（a）原图　　　　　　　（b）二值化图　　　　　　（c）抽取骨架

图 8.18　图像抽取骨架示意图

8.4.2　灰度图形态学应用

（1）形态学梯度边缘检测

　　利用形态学梯度，结合图像的二值化算法，可以方便地实现图像的边缘检测。形态学梯度得到的结果是图像灰度级发生比较大的变化的地方，该位置通常位于不同特征区域的边界。如果结构元素采用对称结构，使用形态学梯度方法实现图像的边缘检测，得到的结果受边缘方向的影响更小。但是，该方法的计算时间相对要大一些。如图 8.19 所示。

（a）原图　　　　　　　　　　　　　　（b）边缘检测结果

图 8.19　形态学梯度边缘检测

（2）形态学平滑滤波

　　实现形态学平滑滤波的操作有很多种，比如，先对图像进行开运算，然后进行闭运算。进行这两种运算之后，可以减少比较亮或比较暗的杂点，这些杂点通常为噪声。经过这种处理之后，能够得到更加平滑的图像。除此之外，其他的形态学处理方法进行组合，或者任意单独的处理方法，如基本的膨胀、腐蚀等，都可以实现形态学平滑滤波操作。如图 8.20 所示。

（a）原图　　　　　　　（b）原图开运算　　　　　　（c）开运算结果闭运算

图 8.20　形态学平滑滤波

（3）基于形态学的图像增强

利用灰度图的顶帽或底帽运算，可以改善图像受非均匀光照的影响，从而达到增强图像的目的。顶帽或底帽运算可以增强图像中的细节，作为图像预处理的一部分，当图像受到光照不均的影响时，如果直接对图像进行阈值分割，结果往往不太理想。此时，可以利用该运算来改善图像质量，从而为后续的处理奠定基础。

图 8.21 是一幅光照不均的图像，如果要计算图像中圆形特征的半径，首先需要将圆形特征分割出来，直接采用阈值分割的结果无法得到结果，采用底帽运算之后，则可以方便实现。例 8-7 展示了如何实现该结果，同时，该例子也是关于形态学用于视觉检测的一个简单的实例。

例 8-7　利用底帽运算实现图像预处理增强，进而计算圆的半径。

```
*读取图像
read_image(Image,'E:/示例/8-7.bmp')
*设置显示颜色
dev_set_color('white')
*直接进行二值化处理
threshold(Image,Regions,2,152)
*定义结构元素
gen_disc_se(SE,'byte',75,75,0)
*底帽
gray_bothat(GrayImage,SE,ImageBotHat)
*对底帽运算结果进行二值化处理
threshold(ImageBotHat,Regions1,72,199)
*提取连通域
connection(Regions1,ConnectedRegions)
*填充孔洞
fill_up(ConnectedRegions,RegionFillUp)
*根据面积大小选择形状
select_shape(RegionFillUp,SelectedRegions,'area','and',245.42,927.62)
*最小包围圆
smallest_circle(SelectedRegions,Row,Column,R)
*生成圆
gen_circle(Circle,Row,Column,R)
*生成圆轮廓
gen_circle_contour_xld(ContCircle,Row,Column,R,0,6.28318,'positive',1)
*计算圆轮廓的面积和中心
area_center_xld(ContCircle,Area,Row1,Column1,PointOrder)
*在圆心位置显示其半径
dev_disp_text(R,'image',Row1,Column1,'black',[],[])
```

（a）原图

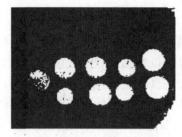
（b）直接二值化

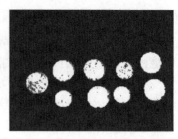
（c）底帽后二值化

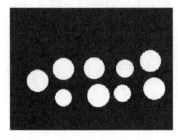
（d）提取的圆

（e）圆的边界

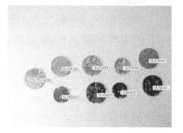
（f）计算结果

图 8.21　利用底帽进行图像增强应用

例 8-8 展示了关于形态学应用于图像中的另一个的实例，该例子中，需要将点阵字符分割出来，最后的目标是实现点阵字符的识别。此处只演示了如何进行点阵字符的分割。该图像是采集于实际生产现场的图像。由于受到现场条件的限制，采集的图像质量比较差，利用灰度图和二值图的形态学处理，最终实现了字符区域中每个字符的连通和分割。如图 8.22 所示。

例 8-8　点阵字符的分割。

```
*读取图像
read_image(Image,'E:/示例/8-7.bmp')
*设置填充显示
dev_set_draw('fill')
*设置颜色
dev_set_color('white')
*定义结构元素
gen_disc_se(SE,'byte',55,55,0)
*底帽运算
gray_bothat(Image,SE,ImageBotHat)
*二值化
threshold(ImageBotHat,Regions,136,255)
*生成矩形结构元素
gen_rectangle1(Rectangle,1,1,20,1)
*二值图闭运算
closing(Regions,Rectangle,RegionClosing)
```

*生成一定角度的矩形结构元素
gen_rectangle2(Rectangle1,10,10,rad(70),10,0)
*二值图闭运算
closing(RegionClosing,Rectangle1,RegionClosing1)
*得到连通域
connection(RegionClosing1,ConnectedRegions)
*根据面积选择区域
select_shape(ConnectedRegions,SelectedRegions,'area','and',2633.11,5000)
*最小包围矩形
smallest_rectangle1(SelectedRegions,Row1,Column1,Row2,Column2)
*设置颜色数量
dev_set_colored(12)
*根据最小包围矩形，生成矩形区域，即每个字符的区域
gen_rectangle1(Rectangle2,Row1,Column1,Row2,Column2)

（a）原图

（c）二值化

（b）底帽运算

（d）闭运算

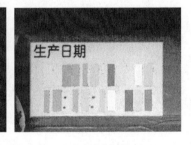
（f）分割结果

（e）面积过滤

图 8.22　利用形态学运算实现点阵字符的分割

习　题

8.1　什么是数学形态学处理？

8.2　说明膨胀运算和腐蚀运算的原理和过程。

8.3　证明膨胀与腐蚀运算是对偶运算，即下面等式成立。

$$(A\ominus B)^c = A^c \oplus \hat{B}$$

8.4 证明开运算和闭运算是对偶运算,即下面等式成立。
$$(A \cdot B)^c = A^c \circ \hat{B}$$
8.5 简述二值图像形态学的作用。
8.6 什么是形态学梯度?什么是顶帽运算?什么是底帽运算?
8.7 简述灰度图像形态学的作用。
8.8 用 HALCON 读取一幅图像,练习形态学处理方法,选择不同的结构元素,讨论处理结果。

09

第9章

图像分割

图像分割是指按照一定的规则，将图像分为多个独立的区域。一幅图像通常由多个区域组成，除了前景和背景之间的区别之外，往往前景也包括多个目标区域。例如，一幅道路图像，里面可能包括汽车、行人、自行车、车道线等目标对象。图像分割除了将背景与前景分割开之外，通常还需要将各种前景目标对象进行分割。图像分割的目的是将各个不同的区域单独表达出来，以便于对其进行进一步的分析。例如，在字符识别中，首先将每个字符分割出来，然后进行特征计算与表达，进而实现字符的识别。图像分割没有适用于所有图像的分割算法，分割结果的好坏通常要根据具体的实际情况进行判断，不同的图像可能需要采用不同的分割算法。在分割之前，通常需要对图像进行预处理。当前，图像分割仍然是数字图像处理及机器视觉领域的研究热点，并且涌现出了很多优秀的分割算法。图像分割算法从传统的基于灰度值的分割，到基于区域、拓扑结构的分割，基于传统机器学习的分割，直到当前基于深度学习的分割方法，已经发展了很多年。尽管如此，图像分割的路还很长，还需要进一步研究。此处重点介绍传统的阈值分割算法。

9.1 基于灰度值的阈值分割

图像中的不同对象由于对光照的响应程度不同，反映出来的像素灰度值有差别。因此，可以利用灰度值的大小对图像进行分割。基于灰度值的分割算法即根据灰度值的大小将图像分割成不同的区域。根据选择灰度阈值的方法，可以将该算法分为两类：基于全局阈值的分割和基于局部自适应阈值分割。全局阈值分割是指整幅图像选择一个或几个阈值实现图像分割。全局阈值可以通过手工选取，也可以通过算法自动选择。局部自适应阈值分割是指在图像的每个局部区域，通过一定的算法自动计算每个局部区域的分割阈值，自动对图像进行分割。但是，即便是自动计算局部阈值，通常也需要人工设定一定的参数。

9.1.1 全局阈值分割

全局阈值分割是对整幅图像设定一个或几个灰度阈值对图像进行分割，阈值可以通过手动设定，也有采用自动计算的方式得到，还可以借助如直方图来决定阈值的方式。总的来说，全局阈值分割主要有基于固定阈值的分割、基于自动全局阈值的分割和基于直方图的全局阈值分割。

（1）固定阈值分割

该方法是最简单的阈值分割算法。设图像用二维离散函数 $f(x,y)$ 表示。图像的灰度值在 0~255 范围。设定阈值 t，分割后的图像用 $t(x,y)$ 表示，则固定阈值的分割可以表示为如式（9-1）或式（9-2）所示。

$$t(x,y) = \begin{cases} 1 & f(x,y) \geq t \\ 0 & f(x,y) < t \end{cases} \tag{9-1}$$

$$t(x,y) = \begin{cases} 1 & f(x,y) \leq t \\ 0 & f(x,y) < t \end{cases} \tag{9-2}$$

固定阈值分割算法是最简单的分割算法，其阈值往往采用手动设定。在设定阈值时，通常以直方图作为参考。该算法最大的特点是计算简单、速度快。但是，其适应范围有限，只对于光照比较均匀，并且背景和前景有明显区别的图像。该算法将图像分为两个区域，分别代表背景和前景。

采用式（9-1）或式（9-2）所示的分割算法，其适应范围有限，即使是背景和前景比较明显并且光照均匀的情况下，有时候也不能完成分割。例如，前景目标对象的灰度分布在 100～150 之间，无论怎么设置阈值都无法实现分割。因此，通常在上式的基础上进行改进，将阈值设定为一个范围$[t_1,t_2]$，如式（9-3）所示。

$$t(x,y) = \begin{cases} 1 & t_1 \leq f(x,y) \leq t_2 \\ 0 & 其他 \end{cases} \tag{9-3}$$

对于光照比较均匀并且图像前景和背景比较明显的区域，式（9-3）能够得到比较好的分割结果。

有时为了一些特殊的需要，也可以让阈值范围内的灰度值保持不变，而不在阈值内的灰度值设为 0，如式（9-4）所示。

$$t(x,y) = \begin{cases} f(x,y) & f(x,y) \geq t \\ 0 & 其他 \end{cases} \tag{9-4}$$

采用式（9-4）进行分割的目的是首先分割出感兴趣的区域，后续一般还需要对此做进一步的处理。

（2）最大类间方差法

最大类间方差法是由日本学者大津（Nobuyuki Otsu）于 1979 年提出的，是一种自动求取阈值的方法，又叫大津法，简称 Otsu。

根据图像的灰度值特性，可以将图像分为背景和前景两部分，当背景和前景之间的方差越大时，说明两部分的差别越大。如果图像中存在部分前景中有背景的情况，或者部分背景中有前景的情况，前景和背景之间的方差将变小。因此，当前景和背景之间的方差达到最大时，也就是两者之间的差别最大，其错分的概率最小。此时的灰度值就是最大类间方差法的阈值。

设图像用二维离散函数 $f(x,y)$ 表示。分割阈值为 t，前景像素点的数量占整幅图像的比例为 ω_0，其灰度平均值为 μ_0，背景像素点的数量占整幅图像的比例为 ω_1，其平均灰度为 μ_1，图像的平均灰度为 μ，类间方差为 V。设图像大小为 $M\times N$，灰度值大于等于阈值 t 的数量为 N_0，小于阈值 t 的数量为 N_1，则存在以下关系：

前景所占比例：

$$\omega_0 = N_0/M\times N \tag{9-5}$$

背景所占比例：

$$\omega_1 = N_1/M\times N \tag{9-6}$$

像素点总数：

$$N_0 + N_1 = M\times N \tag{9-7}$$

前景与背景概率关系：

$$\omega_0+\omega_1=1 \quad (9\text{-}8)$$

图像平均灰度：

$$\mu=\omega_0\times\mu_0+\omega_1\times\mu_1 \quad (9\text{-}9)$$

类间方差：

$$V=\omega_0\times(\mu_0-\mu)^2+\omega_1\times(\mu_1-\mu)^2 \quad (9\text{-}10)$$

由式（9-8）~式（9-10），可以推导出如下结果：

$$V=\omega_0\omega_1(\mu_0-\mu_1)^2 \quad (9\text{-}11)$$

按照式（9-11），通过从 0~255 遍历灰度值，得到使其达到最大值的灰度值，即为最大类间方差法所寻找的阈值。该算法假定图像中只包含前景和背景两类像素，直方图的形状为双峰状直方图。

最大类间方差法算法简单，该算法是自动寻找一个全局阈值对图像进行分割。当前景和背景之间的像素数量差别不是很大时，能够有效地对图像进行分割。而且，该算法也需要图像的光照比较均匀。如果前景和背景之间的像素数量差别很大时，从直方图上来看，没有明显的双峰特征，其分割效果有限。如果前景和背景有相互交叠的时候，也很难将前景和背景分割开来。

（3）基于直方图的阈值分割

图像的直方图反映了图像中灰度分布的概率。直方图上的波峰代表了某一类灰度值出现的概率比较大，波谷表示出现的概率比较小。从图像上来看，概率比较小的地方通常是不同区域之间的边界。此类像素占整幅图像的像素值比较小，因此，在直方图上表现为波谷位置。

基于直方图的阈值分割其实是将直方图作为阈值选择的参考，寻找直方图中的极小值对应的像素值，作为分割阈值。该方法寻找的极小值往往不止一个，因此，最终是采用多个阈值将图像进行分割。如图 9.1 所示直方图，其中存在多个波谷位置，利用直方图得到多个全局分割阈值，将图像分割为多个区域。因此，该类方法可以认为是多阈值的全局分割算法。

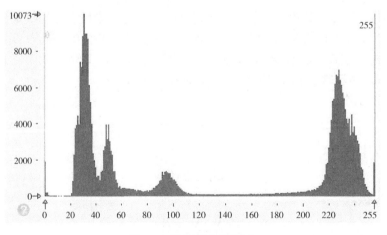

图 9.1 图像直方图示意

采用该方法进行阈值分割时,首先需要计算图像的直方图,然后计算直方图中的极小值,最后将其作为阈值显现图像的分割。

例 9-1　全局阈值分割实例。

```
*读取图像
read_image(Image,'E:/示例/9-1.bmp')
*固定阈值分割
threshold(Image,Region,128,255)
*最大类间方差法分割
binary_threshold(Image,Region1,'max_separability','light',UsedThreshold)
*计算图像直方图
gray_histo(Image,Image,AbsoluteHisto,RelativeHisto)
*从直方图得到分割阈值
histo_to_thresh(AbsoluteHisto,2,MinThresh,MaxThresh)
*利用直方图得到的分割阈值对图进行分割
threshold(Image,Region2,MinThresh,MaxThresh)
*得到根据直方图的阈值进行分割后的区域数量
count_obj(Region2,Number)
```

图 9.2 是分割结果。图 9.3 是计算结果数值。

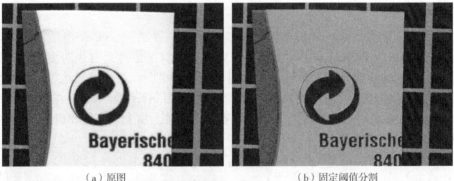

（a）原图　　　　　　　　　　　　（b）固定阈值分割

（c）最大类间方差法　　　　　　　　（d）基于直方图分割

图 9.2　全局阈值分割示意图

```
UsedThreshold    136
AbsoluteHisto    [1892, 190, 167, 30, 4, 1, 1, 1, 2, 1, 0, 1, 0, 2, 0,...
RelativeHisto    [0.0061333, 0.000615923, 0.000541364, 9.7251e-005, 1...
MinThresh        [0, 11, 42, 78, 124, 130, 141, 163, 252]
MaxThresh        [10, 41, 77, 123, 129, 140, 162, 251, 255]
Number           9
```

图 9.3 阈值计算结果

图 9.3 中，第一行是采用最大类间方差法计算出来的全局阈值，第二行和第三行是绝对直方图和相对直方图，第四行和第五行是从直方图得到的分割阈值，最后一行是利用直方图得到的阈值进行分割后的区域数量，一共分出了 9 个区域。全局阈值分割通常只适用于图像光照比较均匀并且前景和背景差别比较明显的情况。

9.1.2 局部阈值分割

在图像光照不均的情况下，采用全局阈值无法实现图像的分割。此时，通常采用的方法是根据图像中每个局部区域的特点，分别选择不同的阈值来对图像进行分割，这就是局部阈值分割方法。局部阈值分割是指在图像的每个局部区域选择不同的阈值，对图像实现分割。此类方法所采用的分割阈值通常是自动计算出来的。针对每个不同的区域，自动计算分割阈值。采用的局部阈值分割方法有动态阈值法和局部自适应阈值算法。

（1）动态阈值

动态阈值分割算法是一种局部阈值分割算法，该算法在 opencv 里面对应的函数是 adaptiveThreshold，在 opencv 中称为自适应阈值。其算法原理是首先对图像进行平滑滤波操作，然后将滤波结果作为阈值，让原图与滤波结果图像进行减法运算，即为分割结果。设原图用二维离散函数 $f(x,y)$ 表示，平滑滤波结果用 $g(x,y)$ 表示，分割结果图像用 $t(x,y)$ 表示，考虑到相减之后的结果可能太小，通常在其结果上加上一个偏移值 b，则动态阈值可以表示为式（9-12）所示。

$$t(x,y)=\begin{cases} 1 & f(x,y)+b \geqslant g(x,y) \\ 0 & f(x,y)+b < g(x,y) \end{cases} \quad (9\text{-}12)$$

平滑滤波的方法很多，如均值滤波、高斯滤波、双边滤波等。采用此方法时，平滑滤波器的大小对结果的影响很重要。

虽然光照不均会影响分割的结果，但是，在图像的任意局部区域，感兴趣的前景对象通常要比背景更亮或更暗。因此，如果能够评估出局部区域背景的灰度值，则可以通过局部区域的前景与背景灰度值之差，将前景区域分割出来。动态阈值正是利用这种原理，利用图像平滑操作来评估背景的灰度值，然后利用图像相减得到分割区域。如果平滑滤波的滤波器足够大，考虑到背景像素所占的比重更大，采用均值滤波或高斯滤波等操作，则可以评估出背景像素的灰度值，将原图像与局部背景图像进行比较，则可以得到比较好的分割结果，并且受光照不均的影响很小，此操作即为动态阈值分割处理。

动态阈值算法简单，运算速度快，能适应不同光照的影响。平滑滤波器的大小对结果影响比较大,一般滤波器尺寸越大,越能代表局部背景。

(2) Sauvola 算法

Sauvola 算法是局部阈值分割算法的代表。该算法以当前像素点为中心,根据当前像素点邻域内的灰度均值与标准偏差来动态计算该像素点的阈值。

设原图用二维离散函数 $f(x,y)$ 表示,像素点坐标为中心的领域为 $r×r$, $f(x,y)$ 表示 (x,y) 处的灰度值,Sauvola 算法首先计算邻域内的均值和标准偏差,设均值用 $\mu(x,y)$ 表示,标准偏差用 $\sigma(x,y)$ 表示。其计算方式如下:

$$\mu(x,y) = \frac{1}{r^2} \sum_{i=x-\frac{r}{2}}^{x+\frac{r}{2}} \sum_{j=y-\frac{r}{2}}^{y+\frac{r}{2}} f(i,j) \tag{9-13}$$

$$\sigma(x,y) = \sqrt{\frac{1}{r^2} \sum_{i=x-\frac{r}{2}}^{x+\frac{r}{2}} \sum_{j=y-\frac{r}{2}}^{y+\frac{r}{2}} \left[f(i,j)-m(x,y)\right]^2} \tag{9-14}$$

对于每个位置的阈值,采用式(9-15)的方式进行计算。

$$t(x,y) = \mu(x,y)\left[1+k\left(\frac{\sigma(x,y)}{R}-1\right)\right] \tag{9-15}$$

式(9-15)中,R 是标准偏差的假定最大值,对于 Byte 数据类型的图像,$R=128$。k 是用户自定义的修正系数,其取值对算法的结果影响不大,一般取 $0<k<1$ 范围。

Sauvola 算法对每一个像素点都根据此像素点的邻域的情况来计算阈值,对于和邻域均值相近的像素点判断为背景而反之判断为前景,而具体相近程度由标准差和修正系数来决定,这保证了这种方法的灵活性。

如果令

$$c = 1+k\left(\frac{\sigma(x,y)}{R}-1\right) \tag{9-16}$$

则

$$t(x,y) = c\mu(x,y) \tag{9-17}$$

从式(9-17)可以看出,该算法和动态阈值比较,动态阈值如果采用均值滤波的结果作为阈值,Sauvola 算法是在阈值的基础上加上了一个系数,该系数由标准差和修正系数共同计算得到。因此,可以认为动态阈值算法是 Sauvola 算法的一种简化改进版本。如果系数 $c=1$,则阈值就是均值滤波的结果。

Sauvola 算法与动态阈值算法类似,该算法同样是在估计局部背景的灰度值大小。因此,分割结果的好坏与选择计算局部均值的区域大小有直接的关系。在 HALCON 中,算子 local_threshold 当参数选择 "adapted_std_deviation" 时,即为采用 Sauvola 算法实现图像分割。

例 **9-2** 局部阈值分割实例。

```
*读取图像
read_image(Image,'E:/示例/9-2.bmp')
```

```
*设置显示颜色
dev_set_color('white')
*采用19×19大小的滤波器进行均值滤波
mean_image(Image,ImageMean,19,19)
*动态阈值
dyn_threshold(Image,ImageMean,RegionDynThresh,5,'dark')
*Sauvola算法，计算均值的局部区域大小为19×19
local_threshold(Image,Region,'adapted_std_deviation','dark',['mask_size'],[19])
```

图9.4是采用局部阈值对图像进行分割的结果，原图由于光照不均，采用全局阈值无法进行分割。图9.4（b）是采用19×19大小的滤波器进行均值滤波的结果，需要注意的是，此处的滤波并不用于图像去噪，而是用于评估背景灰度值的大小，因此，滤波器尺寸应该选择比较大的值，此时得到的结果更能体现背景灰度值的大小，分割的结果也更好。图9.4（d）是Sauvola算法的结果，此处采用了与动态阈值同样大小的滤波器尺寸，两种算法得到的结果也很相近。

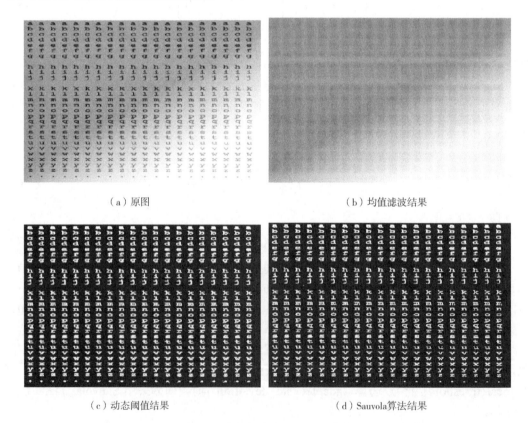

(a) 原图　　　　　　　　　　(b) 均值滤波结果

(c) 动态阈值结果　　　　　　(d) Sauvola算法结果

图9.4　局部阈值分割结果示意图

基于灰度的阈值分割算法有很多，以上介绍的是主流的阈值分割算法，还有很多根据以上算法进行改进的算法。每种算法适应的图像不一样，在实际应用中，需要根据图像的特点，选择不同的阈值分割算法。

9.2 区域生长算法

区域生长算法是一种基于区域特征的分割算法，该算法的基本思想是将有相似性质的像素点合并到一起。对每一个区域要先指定一个种子点作为生长的起点，然后将种子点周围领域的像素点和种子点进行对比，将具有相似性质的点合并起来继续向外生长，直到没有满足条件的像素被包括进来为止。这样一个区域的生长就完成了。

图 9.5 是区域生长算法的示意图。首先，在图像上选择一个或多个种子点；然后，根据一定的生长规则，从种子点开始向外生长，如果与种子点相邻的点满足生长规则，则将该点作为新的种子点继续向外生长；最后，遍历完整幅图像，直到没有满足生长条件的点，生长结束。

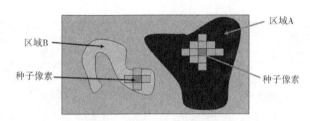

图 9.5 区域生长算法示意图

采用区域生长算法时，种子点的选择以及生长条件的选择对结果有直接的影响。种子点的选取包括人工交互，自动提取物体内部点或者利用其他算法找到的特征点等。生长条件包括灰度值的差值、彩色图像的颜色、梯度特征、该点周围的区域特征等。图 9.6 是区域生长的具体计算过程，选择的生长条件是灰度值的差值小于等于 1。右下角是最后的生长结果。

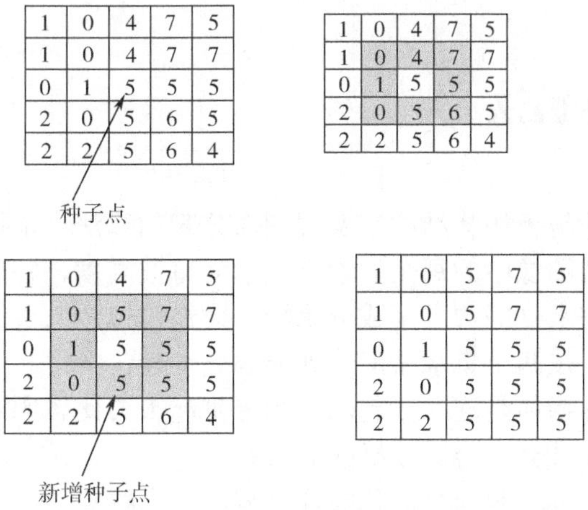

图 9.6 区域生长算法实例示意图

区域生长算法能将具有相同特征的连通区域分割出来，可以用来分割比较复杂的图像，如自然场景图像、医学图像等。但是，区域生长算法是一种迭代算法，空间和时间开销都比较大，运算速度有一定影响。此外，如果图像存在噪声以及光照不均的情况，其分割结果不是很好。如果存在噪声，通常先对图像进行滤波去噪操作，然后再利用该算法进行分割。如果图像存在光照不均的情况，一般不选择灰度值而选择不受光照影响的特征作为生长条件。

例 9-3 区域生长算法分割实例。

```
*读取图像
read_image(Image1,'E:/示例/pellets.png')
*区域生长算法
regiongrowing(Image1,Regions2,3,3,10,100)
*根据面积选择区域
select_shape(Regions2,SelectedRegions,'area','and',0,62645.6)
```

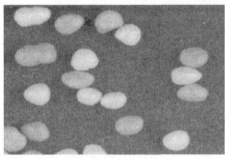
（a）原图

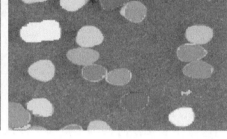
（b）分割结果

图 9.7 区域生长算法实例

图 9.7 是例 9-3 运行结果。由于区域生长算法将背景也作为一个连通区域进行了分割。因此，此例中最后通过面积过滤掉背景，得到分割出来的前景目标对象。

9.3 分水岭算法

分水岭算法是一种基于拓扑结构来实现图像分割的算法。根据分水岭的构成来考虑图像的分割。该算法把图像中的每个像素点表示为海拔高度，每一个局部极小值及其影响区域称为集水盆，集水盆的边界形成分水岭。通过模拟浸入过程，在每个局部极小值表面，慢慢向外扩展，在两个集水盆汇合处形成分水岭。

如果图像中的目标物体是连在一起的，则分割起来会比较困难，而分水岭算法可以用于处理这类问题，并且会取得比较好的效果。

分水岭算法的计算过程是一个迭代标注过程。分水岭算法中比较经典的计算方法是 L. Vincent 提出的。在该算法中，分水岭算法的计算分两个步骤，一个是排序过程，一个是淹没过程。首先对每个像素的灰度级进行从低到高排序，然后在从低到高实现淹没过程中，对每一个局部极小值在高度上的影响域采用先进先出结构进行判断及标注。分水岭变换得到的是输入图像的集水盆图像，集水盆之间的边界点，即为分水岭。显然，分水岭表示的是输入图像极值点。为得到图像的边缘信息，通常把梯度图像作为分水岭算法的输入图像。

图像中的噪声以及表面细微变化会产生过度分割的现象。因为噪声在图像中可能被判断为极值点。为消除分水岭算法产生的过度分割，通常可以采用两种处理方法，一是利用先验知识去除无关边缘信息，比如先对图像进行平滑滤波处理。二是修改梯度函数使得集水盆只响应想要探测的目标，比如对梯度图像进行阈值处理。

分水岭算法对弱边缘具有良好的响应，是得到封闭连续边缘的保证的。梯度图像可以用 Sobel 算子进行计算得到。对梯度图像进行阈值处理时，选取合适的阈值对最终分割的图像有很大影响，因此阈值的选取是图像分割效果好坏的一个关键。

在采用分水岭算法的时候，通常不直接对原始图像使用，除了上面提到的对图像进行平滑滤波和梯度计算之外，还可以采用距离变换等处理方式，对图像进行预处理，然后再采用分水岭算法实现分割。图像的距离变换得到一个新的图像。距离变换通常针对的是二值图像，根据某种距离度量，如第 3.5 节提到的欧氏距离等，将原图像中每个像素的输出设置为一个值，该值等于该像素到输入图像中最接近的像素值为"0"的距离。因此，距离变换的典型输入应该是某种边缘图像。在大多数应用中，距离变换的输入是边缘检测器如 Canny 边缘检测的输出。距离变换可以实现图像目标细化、抽取骨架等功能。

在分水岭算法之前利用距离变换，可以确定哪些是目标区域，哪些是背景区域。然后通过创建标记表示每个区域。最后再利用分水岭算法实现图像的分割。如图 9.8 所示。

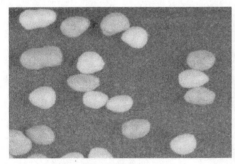 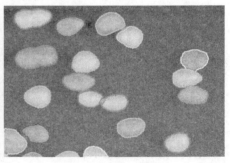

（a）原图　　　　　　　　　　　　（b）分水岭分割

图 9.8　利用分水岭算法实现图像分割

例 9-4　利用分水岭算法实现图像分割实例。

```
*读取图像
read_image(Image1,'E:/示例/pellets.png')
*高斯滤波
gauss_filter(Image1,ImageGauss,9)
*sobel算子计算梯度
sobel_dir(ImageGauss,EdgeAmplitude,EdgeDirection,'sum_abs',3)
*对梯度图进行分水岭分割
```

```
watersheds_threshold(EdgeAmplitude,Basins3,10)
*根据面积过滤背景，得到目标对象
select_shape(Basins3,SelectedRegions1,'area','and',0,61397.7)
```

例 9-4 的图像来自 HALCON 自带的图像，在此图像中，前景目标对象存在粘连在一起的情况，采用通常的阈值分割算法，无法将相连的区域分开。因此，采用分水岭算法实现分割，在利用分水岭算法之前，先对图像进行了高斯滤波，然后利用 Soble 算子计算其梯度图像，最后将梯度图像传入分水岭算法实现了分割，即使相邻的两个目标对象也实现了分割。

例 9-5 统计图 9.9 中硬币的数量，并计算其圆心和半径。

```
*读取图像
read_image(Image,'E:/示例/分水岭.bmp')
*得到图像大小
get_image_size(Image,Width,Height)
*对图像进行二值化
threshold(Image,Regions,32,132)
*得到连通区域
connection(Regions,ConnectedRegions)
*距离变换
distance_transform(ConnectedRegions,DistanceImage,'octagonal','true',Width,Height)
*转换距离变换之后的图像数据格式
convert_image_type(DistanceImage,DistanceImageByte,'byte')
*反转图像
invert_image(DistanceImageByte,DistanceImageInv)
*分水岭分割
watersheds_threshold(DistanceImageInv,Basins,10)
*分水岭分割结果与连通域求交，得到前景目标对象
intersection(Basins,ConnectedRegions,SegmentedPellets)
*根据面积过滤
select_shape(SegmentedPellets,SelectedRegions,'area','and',184.69,2000)
*开运算
opening_circle(SelectedRegions,RegionOpening,13.5)
*最小包围圆
smallest_circle(RegionOpening,Row,Column,Radius)
*统计数量
count_obj(RegionOpening,Number)
*生成圆
gen_circle(Circle,Row,Column,Radius)
```

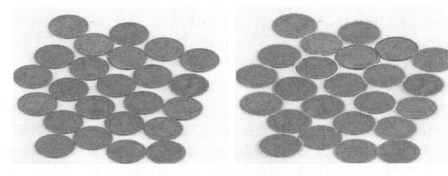

图 9.9 利用分水岭算法实现图像分割

例 9-5 的图像中，前景目标对象存在相连的情况，采用其他算法很难将其分割开来。本例中，首先利用二值化将前景目标对象全部分割出来。但是，对象之间存在相连的情况。因此，先对其采用距离变换，然后，利用分水岭算法实现目标对象的分割。本例中，需要统计前景目标对象的数量或者计算其直径、中心等特征。因此，最后通过开运算、寻找最小包围圆，生成圆等代码，实现了目标对象的半径、中心以及数量等特征的统计。如图 9.10 所示。

```
Row      [38.0729, 74.5, 84.2128, 98.1025, 105.5, 121.469, 137.702, 137.39, 163.385, 199.202, 231.5, 2…
Column   [64.0, 93.0, 176.0, 47.4197, 217.0, 88.2295, 22.2432, 161.679, 64.4618, 95.3791, 128.722, 92.…
Radius   [24.7591, 24.526, 24.4757, 25.0044, 24.7539, 24.7284, 24.4983, 24.5694, 24.5323, 26.6972, 24.…
Number   24
```

图 9.10 数量和圆心半径数据

9.4 其他分割算法介绍

图像分割一直是机器视觉和数字图像处理中的热点和难点。除了以上所介绍的分割算法之外，还有很多其他的分割算法。在实际应用现场，需要根据图像质量的不同，选择不同的分割算法。

（1）基于边缘检测的图像分割

图像的边缘检测得到的是不同区域的边界，边缘检测利用梯度信息凸显不同的区域。图像的梯度信息不受光照变化的影响。因此，在图像存在光照不均的情况下，可以先利用边缘检测算子计算图像的梯度，然后基于梯度图像采用阈值分割来实现图像分割。所以，该方法其实也是一种阈值分割方法，只是不直接对原始图像采用阈值分割，而是先计算图像的梯度，然后对梯度图像利用阈值进行分割的一种方法。常用的 Sobel 算子、Laplacian 算子等梯度算子，都可以用于计算边缘梯度信息，然后再进行图像分割。

（2）基于机器学习的图像分割算法

这种算法主要是基于传统机器学习方法的如 K-均值聚类，支持向量机（SVM）等算法实现图像分割。K-均值聚类随机初始化 k 个聚类中心，然后使用聚类准则，一般采用距离进行判断，比较像素点之间的相似性，通过反复迭代，直到聚类中心不再变化，实现图像的分割。SVM 本身是用于分类的机器学习算法，但是，分类和分割有一定的相似性。因此，通过对不同区域进行特征训练，然后利用训练结果实现图像分割。

（3）基于深度学习的分割算法

基于深度学习的分割算法是最近几年提出的分割算法，利用深度学习方法对模型进行训练，然后利用训练处的模型对图像进行分割。用于图像分割的深度学习网络有很多种，具体选择哪一种网络，没有固定的规则。也很难判断到底哪一种网络对机器视觉采集的图像更有效。但是，运用该方法时需要注意一个关键问题，即深度学习所需要的训练样本比较多，如果图像数量不够，可能最后的训练结果是欠拟合状态，从而分割效果不够理想，如何使网络模型轻量化是该方法的一个研究方向。

除了以上提到的方法之外，还有很多种分割算法，如分裂合并算法、主动轮廓模型、小波变换、遗传算法等，在实际应用中，需要根据具体的需求，选择对应的分割算法。

习　题

9.1 什么是图像分割？图像分割的目的是什么？

9.2 简述大津法阈值分割原理，说明阈值的确定过程，说明该方法的优缺点。

9.3 简述动态阈值分割原理，解释平滑滤波器的大小对结果的影响。

9.4 简述区域生长法的原理。

9.5 简述分水岭算法的原理。

9.6 利用 HALCON 读取一幅图像，分别采用固定阈值分割、全局阈值分割和局部阈值分割进行处理，分析不同的分割方法对结果的影响。

9.7 分水岭算法可以用于将前景目标对象相连的对象分割开来，参考例 9-5，采集一幅类似的图像，然后用分水岭算法对其进行分割。

第10章

图像模板匹配

图像模板匹配是在图像中查找与模板图像中相似的部分。图像模板匹配可以应用在多种场合，如完整性检测，检测某个物体是否存在；物体识别，区别不同的物体；得到目标物体的位姿等。简单来说，在机器视觉中，检测目标对象的有无、识别、定位以及缺陷检测等各种任务，皆可以应用模板匹配。

大多数应用中，模板匹配的搜索图像只有一个目标物体，模板匹配的目的在于找到这个物体。在某些应用场合中，可能图像中存在多个目标，模板匹配需要找出所有目标对象。如果事先知道图像中存在多少个目标，只需要找出确定数量的模板物体即可。还有一些应用中，不知道目标物体的数量，需要通过模板匹配找到究竟有多少个目标。

理论上，如果目标图像和模板图像的光照一致，只需要将模板图像在目标图像上逐像素移动，逐一计算每个位置的相似度，确定相似度最大的位置即为目标。但是，实际图像与模板图像的光照是有一定变化的，此外，实际图像的姿态也与模板图像有一定差别，主要体现在图像的方向和大小可能发生了变化。因为在采集图像的过程中，摄像机与被检测对象之间的距离可能发生变化，被检测对象的放置角度也会发生变化。这种变化有可能只在二维平面上发生，也可能在三维空间发生。因此，模板匹配算法需要满足目标图像在旋转、缩放等变化的情况下，也能准确匹配目标对象。

10.1 图像金字塔

在模板匹配算法中，涉及相似度的度量问题，其度量方法有很多，但几乎都是计算模板图像与被检测对象之间像素值之间的差异。模板匹配算法的运算时间取决于模板在图像上的平移次数和模板图像的大小。由此可以推算，该算法需要大量的计算，导致模板匹配算法运行效率低下，为了提高该算法的运行效率，通常需要对图像进行构建图像金字塔，通过图像金字塔向下采样，减少运算数量，从而提高该算法的运行效率。

图像金字塔是图像多尺度表达的一种，是一种以多分辨率来解释图像的有效但概念简单的结构。一幅图像的金字塔是一系列以金字塔形状排列的分辨率逐步降低，且来源于同一张原始图的图像集合。其通过依次向下采样获得，直到达到某个终止条件才停止采样。图像金字塔层级越高，则图像越小，分辨率越低。常见两类图像金字塔：

① 高斯金字塔；
② 拉普拉斯金字塔。

10.1.1 高斯金字塔

高斯金字塔用于图像向下采样，也称为降采样。如果要得到第 1 层采样结果，首先对第 0 层原始图像进行高斯滤波，然后删除所有的偶数行和列，即得到第 1 层高斯采样图像。因此，第 1 层的图像大小是第 0 层原始图像的 1/4。以此内推，即可完成所有层的高斯金字塔下采样。图 10.1 是图像高斯金字塔示意图。

高斯金字塔采样的过程也是图像缩小的过程。在此过程中，图像的分辨率依次降低，图像的信息也会产生丢失。

如果利用高斯金字塔从高层重建下一层图像，称为向上采样。向上采样需要将图像在每个方向扩大为原图像的 2 倍，新增的行和列均用 0 来填充，并使用与向下取样相同的卷积核乘以4，再与放大后的图像进行卷积运算，以获得"新增像素"的新值。但是，向上采样和向下采样并不是可逆的，向上采样并不能还原上一层的图像，其图像信息会出现丢失。为了避免向上采样图像信息丢失，一般采用拉普拉斯金字塔，从底层还原图像。

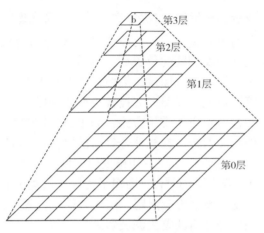

图 10.1　图像高斯金字塔

10.1.2　拉普拉斯金字塔

拉普拉斯金字塔用于从金字塔高层图像重建下层未采样图像，在数字图像处理中也即是预测残差，可以对图像进行最大程度的还原，如果需要还原原始图像，需要拉普拉斯金字塔配合高斯金字塔一起使用。

图像经过高斯卷积核降采样之后，会丢失图像高频部分的信息。因此，定义拉普拉斯金字塔来描述这部分高频信息。用高斯金字塔的每层图像减去上一层图像上采样并与高斯卷积之后的图像即为拉普拉斯金字塔图像。简单来说，拉普拉斯金字塔是通过源图像减去先缩小后再放大的图像的一系列图像构成的。图 10.2 是高斯金字塔采样和拉普拉斯金字塔的关系图。

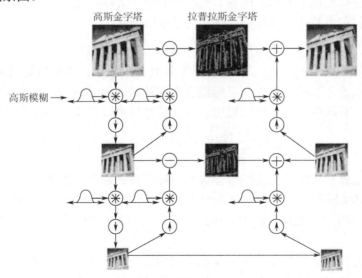

图 10.2　高斯金字塔和拉普拉斯金字塔关系图

设 L_i 表示第 i 层拉普拉斯金字塔图像，G_i 表示第 i 层高斯金字塔图像，g 表示一定大小的高斯滤波器，则拉普拉斯第 i 层金字塔图像的数学定义如式（10-1）所示。

$$L_i = G_i - UP(G_{i+1}) \otimes g \qquad (10\text{-}1)$$

式（10-1）中，$\otimes$ 表示卷积运算，$UP(\cdot)$ 表示将 $i+1$ 层图像向上采样。

在模板匹配中，需要通过高斯金字塔对图像进行降采样，减少运算量，提高运行速度，在高层进行模板匹配。当找到匹配位置后，只需要将结果映射到原始图像上的位置即可，通常不需要还原每一层的采样图像。因此，拉普拉斯金字塔在很多时候并不参与机器视觉的图像处理运算，也就不需要建立拉普拉斯金字塔。

高斯金字塔是用于构建金字塔的常用方式。为了避免图像在金字塔中出现平移，高斯滤波器的尺寸必须是偶数。但是，在构建金字塔的时候，其运行速度是极其重要的因素。高斯滤波器的尺寸最小是 4×4。因此，如果采用高斯滤波来平滑图像，将增加构建金字塔时间消耗。所以，构建金字塔的时候，图像平滑操作最理想的是 2×2 的均值滤波器。此外，2×2 的均值滤波器没有频率响应问题，而较大的滤波器会出现频率响应问题。因此，均值滤波器是构建图像金字塔的首先滤波器。

10.2 基于灰度值的匹配

基于灰度值的模板匹配算法是最简单的匹配算法，该算法计算模板图像与目标图像之间灰度值的相似性。其计算过程如下。

① 模板沿着图像移动，每移动一个位置，计算模板与图像中对应位置的相似度，最后根据相似度的大小，确定匹配的目标对象位置。

② 根据相似度的大小，设定一个阈值，满足阈值条件的认为是匹配对象。

基于灰度的模板匹配算法中，相似度的计算方法对结果的影响比较重要。常用相似度计算方法主要有差值平方和匹配法、归一化差值平方和匹配差、相关匹配法、归一化相关匹配法、相关系数匹配法和归一化相关系数匹配法。

（1）差值平方和匹配法

设二维离散图像用 $f(x,y)$ 表示，模板图像用 $T(x',y')$ 表示，匹配结果用 $R(x,y)$ 表示。差值平方和匹配法是计算模板图像与目标图像之间的差值的平方和，根据平方和的大小来判断模板图像与目标图像之间的相似度。其计算过程可以用式（10-2）表示。

$$R(x,y) = \sum_{x',y'} \left[T(x',y') - f(x+x', y+y') \right]^2 \qquad (10\text{-}2)$$

为了简化计算，有时候也用模板图像与目标图像之间差值的绝对值总和来代替差值的平方和。如果模板图像与目标图像完全匹配，则差值的平方和最小，此时结果为 0，如果两者之间差值越大，则越不匹配。因此，差值平方和匹配法的最好匹配为 0，匹配越差，匹配值越大。

采用此种方法计算相似度，需要保证模板图像与目标图像的光照保持一致。如果光照发生变化，即使在图像中存在与模板相同的目标对象，其返回的匹配值也会非常大，因为此时两者的灰度值已经不相等了。

（2）归一化差值平方和匹配法

归一化差值平方和匹配法计算相似度是在平方差的基础上，对计算结果进行了归一化处理。归一化的目的主要是方便设定阈值判断相似度。归一化差值平方和的计算如式（10-3）所示。

$$R(x,y) = \frac{\sum\limits_{x',y'}[T(x',y) - f(x+x',y+y')]^2}{\sqrt{\sum\limits_{x',y'}T(x',y')^2}\sqrt{\sum\limits_{x',y'}f(x+x',y+y')^2}} \qquad (10\text{-}3)$$

如果没有进行归一化操作，差值平方和的大小将不可预测，如果需要设定阈值来判断两者之间是否匹配，显然是不可行的。进行归一化之后，其结果在[0,1]范围内，方便通过阈值判定是否相似。此外，归一化操作能消除部分线性光照的影响。

（3）相关匹配法

相关匹配法利用模板图像与目标图像的相关性来判断是否相似。其计算方式见式（10-4）。

$$R(x,y) = \sum\limits_{x',y'}T(x',y')f(x+x',y+y') \qquad (10\text{-}4)$$

采用此种方式计算相似度，是通过计算模板图像与目标图像灰度值的乘积之和来实现的。如果两者之间完全匹配，则乘积之和达到最大值，反之，为最小值。因此，值越大越匹配，反之则越不匹配。

（4）归一化相关匹配法

与归一化差值平方和类似，采用归一化的目的主要是方便设定阈值判断相似度。同时，归一化也可以消除部分线性光照的影响。归一化相关匹配计算如式（10-5）所示。

$$R(x,y) = \frac{\sum\limits_{x',y'}[T(x',y')f(x+x',y+y')]}{\sqrt{\sum\limits_{x',y'}T(x',y')^2}\sqrt{\sum\limits_{x',y'}f(x+x',y+y')^2}} \qquad (10\text{-}5)$$

（5）相关系数匹配法

不管是差值平方和匹配法还是相关匹配法，都需要保证模板图像与目标图像的光照一致。即使通过归一化操作，能够消除部分线性光照的影响。但是，图像的光照变化在很多时候并不是线性变化的。而且，一种稳定的匹配算法，应该是不受任何光照的影响。相关系数匹配法能够满足这种要求。

当图像受到不同光照影响的时候，图像可能变得更亮或更暗。同时，其平均灰度也相应发生变化。如果将图像与其平均灰度进行减法运算，则可以消除光照的影响。此种方法实际上与计算图像梯度的方法类似，都是通过图像的差分来消除光照的变化。相关系数匹配法即采用这种方式，该方法不直接计算模板图像与目标图像的相关性，而是先让模板图像和目标图像分别减去自己的灰度平均值，消除光照的影响，然后再计算相关性。设模板图像大小为$w \times h$，定义模板图像与其灰度均值的差为$T'(x',y)$。即：

$$T'(x',y') = T(x',y') - \frac{1}{w \times h}\sum\limits_{x',y'}T(x',y') \qquad (10\text{-}6)$$

同理,定义目标图像在模板大小区域与其灰度均值为 $f'(x+x',y+y')$。即:

$$f'(x+x',y+y') = f(x+x',y+y') - \frac{1}{w \times h}\sum_{x',y'}f(x+x',y+y') \qquad (10\text{-}7)$$

则相关系数匹配法可以用式(10-8)表示。

$$R(x,y) = \sum_{x',y'}T'(x',y')f'(x+x',y+y') \qquad (10\text{-}8)$$

采用相关系数匹配法,采用了图像与平均灰度的差分计算,图像的差分结果不随任何线性光照变化而变化。因此,该算法的匹配结果更加稳定可靠。"1"表示完全匹配,"-1"表示匹配差,"0"表示没有任何相关性。实际上,"-1"表示了模板图像与目标对象完全相反。因此,在等于"±1"的时候,模板与目标对象都是完全匹配的。相关系数的最后计算结果应该取绝对值,其值越接近于"0",表示越不匹配。

(6)归一化相关系数匹配法

与其他归一化方法类似,归一化相关系数匹配法方便设定阈值判断相似度。归一化相关系数匹配法的数学表达式如式(10-9)所示。

$$R(x,y) = \frac{\sum_{x',y'}T'(x',y')f'(x+x',y+y')}{\sqrt{\sum_{x',y'}T'(x',y')^2}\sqrt{\sum_{x',y'}f'(x+x',y+y')^2}} \qquad (10\text{-}9)$$

从式(10-9)可以看出,归一化的对象是模板图像与其灰度均值的差以及目标图像在模板区域内与其灰度均值的差。实际上,其归一化的过程也是计算图像标准偏差的过程。因此,归一化相关系数匹配法在不受到线性光照变化的同时,通过减去平均灰度值可以消除加性噪声对图像的影响,通过计算图像的标准偏差消除了乘性噪声的影响。所以,该匹配方法能够取得更好的匹配准确率。

例 10-1 利用灰度差值绝对值之和计算相似度进行模板匹配 1。

```
*读取图像
read_image(Image,'printer_chip/printer_chip_01')
*生成矩形
gen_rectangle1(ROI_0,12.9328,952.374,284.575,1078.81)
*取出生成的矩形区域
reduce_domain(Image,ROI_0,ImageReduced)
*将生成的矩形区域单独剪切出来作为模板图像
crop_domain(ImageReduced,ImagePart)
*得到模板图像的大小
get_image_size(ImagePart,Width,Height)
*创建模板
create_template(ImagePart,255,4,'sort','original',TemplateID)
*读取目标图像
read_image(Image1,'/printer_chip/printer_chip_02.png')
```

```
*匹配
best_match(Image1,TemplateID,10,'false',Row,Column,Error)
*设置显示样式
dev_set_draw('margin')
*绘制匹配区域
gen_rectangle1(Rectangle,Row-Height/2,Column-Width/2,Row+Height/2,Column+Width/2)
```

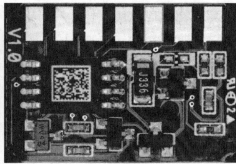

（a）模板区域　　　　　　　　　　（b）匹配结果

图 10.3　利用灰度差值绝对值之和进行匹配 1

图 10.3 是例 10-2 利用灰度差值绝对值之和进行匹配的结果。在 HALCON 中，利用 best_match 算子实现该功能，该算子与灰度差值平方和得到类似的结果。best_match 算子得到的是最好的匹配位置。

例 10-2　利用灰度差值绝对值之和计算相似度进行模板匹配 2。

```
*读取图像
read_image(Image,'printer_chip/printer_chip_01')
*设置显示方式
dev_set_draw('margin')
*生成矩形
gen_rectangle1(ROI_0,4.76316,935.719,293.184,1090.41)
*取出生成的矩形区域
reduce_domain(Image,ROI_0,ImageReduced)
*将生成的矩形区域单独剪切出来作为模板图像
crop_domain(ImageReduced,ImagePart)
*得到模板图像的大小
get_image_size(ImagePart,Width,Height)
*创建模板
create_template(ImageReduced,255,4,'sort','original',TemplateID)
*读取目标图像
read_image(Image1,'printer_chip/printer_chip_02')
```

```
*匹配
fast_match(Image1,Matches,TemplateID,20)
*得到匹配结果连通域
connection(Matches,ConnectedRegions)
*计算匹配结果数量
count_obj(ConnectedRegions,Number)
*得到匹配的位置
area_center(ConnectedRegions,Area,Row1,Column1)
*根据位置生成匹配区域
gen_rectangle1(Rectangle1,Row1-Height/2,Column1-Width/2,Row1+Height/2,Column1+Width/2)
```

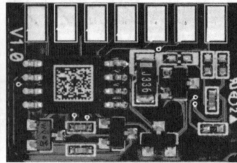

（a）模板区域　　　　　　　　　　（b）匹配结果

图10.4　利用灰度差值绝对值之和进行匹配2

图10.4是例10-2的运行结果，以上两个例子的图像是一样的，来自HALCON软件自带的图像。例10-2中，采用fast_match算子实现匹配。best_match算子与fast_match算子具有类似的结果。只是best_match算子匹配的是最好的位置，而fast_match算子得到的结果是所有匹配误差小于给定值的位置。通常fast_match算子匹配结果可以通过connection和best_match算子做进一步的处理。

基于灰度差值绝对值或者差值平方和计算相似度进行匹配的方法有很多不足之处。其中最主要的就是对光照的要求很高，必须满足模板图像与目标图像的光照一致才能实现准确匹配。因此，该算法的适应范围比较有限，通常不再采用该方式进行匹配。在HALCON的新版本中，也不推荐使用该算法进行模板匹配，保留此算法只是为了向后兼容的目的。

为了避免光照不均对结果的影响，采用相关系数进行匹配是比较理想的选择。为了方便对匹配结果进行过滤和选择，需要对相似度计算结果进行归一化操作。因此，更好的选择是采用归一化相关系数匹配法进行模板匹配。在HALCON中，该方法称为NCC。例10-3示例了如何采用归一化相关系数法进行匹配。

例10-3　利用归一化相关系数法实现匹配。

```
*读取图像
read_image(Image,'smd/smd_on_chip_05')
```

```
*生成矩形
gen_rectangle1(Rectangle,175,156,440,460)
*提取矩形区域
reduce_domain(Image,Rectangle,ImageReduced)
*创建ncc模板
create_ncc_model(ImageReduced,'auto',0,0,'auto','use_polarity',ModelID)
*创建循环
for J:=1 to 11 by 1
    *读取目标图像
    read_image(Image,'smd/smd_on_chip_'+J$'02')
    *ncc匹配
    find_ncc_model(Image,ModelID,0,0,0.5,1,0.5,'true',0,Row,Column,Angle,Score)
    *显示匹配结果
    dev_display_ncc_matching_results(ModelID,'green',Row,Column,Angle,0)
    *停止
    stop()
endfor
```

图10.5是例10-3的运行结果。

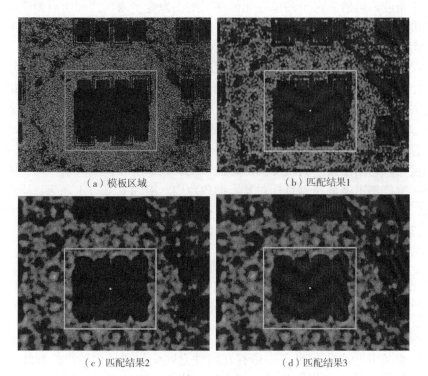

(a) 模板区域　　　　　　　　(b) 匹配结果1

(c) 匹配结果2　　　　　　　　(d) 匹配结果3

图10.5　归一化相关系数法匹配结果

图 10.5 只显示了模板区域和三幅目标图像匹配结果，三幅图像代表了不同的光照情况以及图像的清晰度。采用归一化相关系数法可以准确找到目标区域，即使在目标图像与模板图像之间存在光照不均或者图像质量比较差的情况下，也能够准确找到匹配的目标对象。图 10.5 的图像来自 HALCON 自带的图像。

10.3　带旋转与缩放的匹配

在多数机器视觉系统中，采集的图像并不是出于理想的位置。在实时采集的过程中，由于产品在传送带中不可避免会出现振动，导致图像可能出现相对于理想位置具有一定的旋转角度。同时，图像的大小也存在一定的变化，因为产品距离相机的位置会实时发生变化，尽管这种变化在多数情况下可能很小，但是为了准确匹配到目标对象，也必须考虑这种变化。

为了在目标图像中找到发生了旋转的对象，需要创建多个方向的模板图像，将目标的搜索空间扩大到各个角度。理论情况下，不可能针对每个角度都制作一幅模板图像。为了实现匹配旋转的目标对象，通常是将角度离散化，一般情况下，对于半径为 100 个像素大小的模板图像，将角度的增长步长设定为 1°。如果模板图像更大，需要更小的角度增长步长，更小的模板可以使用更大一些的增长步长。但是，模板图像的增多，会增加内存的存储空间，也会增加匹配时间。因此，选择制作模板图像的旋转起止角度对匹配的性能有一定的影响。在实际使用中，应该根据目标对象实际可能的旋转角度来设定模板的起止角度。当然，由于图像匹配需要用到图像金字塔，匹配所有角度都是在图像金字塔的最高层。由于图像金字塔每一层都会缩小为下层的 1/4，因此，模板的角度增幅也要增大两倍，由此也可以减少模板的数量，提高匹配的速度。

为了保证图像存在缩放的情况下，也能准确匹配到目标对象。通常的做法是将目标图像在一定缩放范围内与模板图像进行匹配。当然，为了保证匹配的速度，缩放之后的图像也是需要在金字塔的最高层进行匹配，最后将匹配结果映射到底层原始图像中。目标图像缩放范围的大小以及增长幅度对匹配速度也有一定的影响。一般增长幅度为 0.1 左右。对于精度要求不高的匹配结果，比如只是为了寻找目标对象中是否存在模板图像，其增长幅度可以适当增大，其匹配的准确性可以通过调节相似度阈值，即将错误匹配的阈值减小，也能够准确地找到目标对象。缩放范围一般为 0.9~1.1 之间，毕竟在实际运动线体上，产品与相机之间的距离变化不会很大，如果确实有必要，设置在 0.8~1.2 之间，能够满足绝大部分存在缩放的情况下的匹配要求。

10.4　基于边缘的匹配

尽管采用归一化相关系数计算相似度，能够满足大部分的基于灰度的模板匹配要求，但是，此方法也仅仅保证了图像存在线性光照变化或者比较小的非线性光照变化的图像的匹配准确性。如果图像存在严重的非线性光照的影响，则上面的匹配方法将无法满足要求。

图像的边缘不受光照变化的影响。因此，如果采用图像边缘进行匹配，即使图像光照变化比较明显的情况下，也能够得到稳定的匹配结果。与基于灰度值的匹配比较，基于边缘的匹配能适应的范围更加广泛。此方法是利用边缘检测算法先对模板图像和目标图像进行边缘检测，然后再进行相似度计算。边缘检测算法可以采用第七章所提到的如Canny算子、Sobel算子等。相似度的计算方法有很多种方式，前面提到的几种方法都可以用于基于边缘的匹配。

基于边缘的匹配需要注意的问题是，如何选择合适的阈值来提取边缘。比如，对于Canny边缘检测算子，相同的阈值对于不同光照的图像，可能得到的边缘有区别，有的图像可能缺失或增加了部分边缘。但是，如Sobel算子通常不需要选择阈值，常采用3×3大小的区域进行边缘检测即可得到比较理想的结果。因此，根据不同的图像质量，选择不同的边缘检测算子也至关重要。

基于边缘的匹配方法中，匹配策略主要有以下几种：

（1）直接采用边缘检测的结果进行匹配

此种匹配策略与基于灰度的匹配类似，只是将灰度图变成了边缘检测的结果图。边缘检测是通过计算图像的梯度实现的，图像的梯度不受光照变化的影响。采用这种方式进行匹配是大多数基于边缘匹配常用的方法。

（2）基于几何基元的匹配

该匹配方法利用边缘检测的结果，将边缘分割成多种几何基元，如直线、圆弧等，然后匹配这些几何基元。

（3）利用边缘突变点进行匹配

边缘的突变点通常是边缘的角点、拐点等。检测边缘的突变点也可以用不通过边缘检测实现而直接通过特征点检测算法实现。

基于边缘的匹配方法是一种稳定的匹配方法，该方法不受光照变化的影响，配合图像金字塔以及旋转和缩放，在视觉处理中，常用于定位目标区域，能够得到比基于灰度值匹配更加准确的结果。但是，该方法不能处理图像目标存在遮挡的情况，因为此时相当于图像的边缘发生了缺失。

10.5　形状匹配

对于模板匹配而言，即使当目标对象存在部分遮挡的时候，在某些应用场合，也需要知道是否存在目标对象。但是，基于灰度的匹配或基于边缘的匹配算法不能找出被遮挡的目标对象。遮挡也可以认为是图像存在较大的干扰，此时基于灰度的匹配已经无法利用相似度量进行匹配。而此时的边缘也会导致缺失，其结果是边缘点变少。因此，这两种匹配方法都是无效的。

在HALCON中，实现了一种基于形状的匹配算法。该算法是专利算法。HALCON推荐使用该形状匹配算法。在此参考Carsten Steger等对此算法的描述。设模板图像表示为点集的形式，即$p_i(r_i,c_i)^T$，(r_i,c_i)表示模板图像的行列坐标。每个点有一个关联的方向,这个方向可以用梯度来表示。点的方向向量可以表示为 $d_i(t_i,u_i)^T$。同理,目标图像中每个点(r,c)对应一个方向向量 $e_{r,c}(v_{r,c},\omega_{r,c})$。在进行匹配时,相似度的度量是通过计算图像中某一点 $q=(r,c)^T$ 处,模板中所有点与图像中对应位置的方向向量的点积的总和。用式(10-10)表示如下。

$$s = \frac{1}{n}\sum_{i=1}^{n} d_i'^T e_{q+p'} = \frac{1}{n}\sum_{i=1}^{n} t_i' v_{r+r_i',c+c_i'} + u_i' \omega_{r+r_i',c+c_i'} \qquad (10\text{-}10)$$

为了在相似度量中方便指定阈值来判断匹配图像中是否存在目标对象,可以将式(10-10)进行归一化处理。即:

$$s = \frac{1}{n}\sum_{i=1}^{n} \frac{d_i'^T e_{q+p'}}{\|d_i'\|\|e_{q+p'}\|} = \frac{1}{n}\sum_{i=1}^{n} \frac{t_i' v_{r+r_i',c+c_i'} + u_i' \omega_{r+r_i',c+c_i'}}{\sqrt{t_i'^2 + u_i'^2}\sqrt{v_{r+r_i',c+c_i'}^2 + \omega_{r+r_i',c+c_i'}^2}} \qquad (10\text{-}11)$$

如果目标图像中对应的边缘被遮挡,这些点的方向向量将变得很短,对点积的总和没有影响;如果目标图像中存在混乱的情况,将会出现很多其他的边缘,这些边缘点对应在模板图像上没有对应的点,或者其方向向量也非常短,因此,也不影响点积的总和。将方向向量进行归一化操作之后,所有的向量长度都变成了1,因此相似度量也不受光照变化的影响。所以,该计算方法可以有效避免遮挡、混乱以及光照变化的影响。如果要避免模板图像与目标图像之间有明显的明暗对比度的情况,比如模板图像与目标图像对比度刚好相反,可以通过将式(10-11)修改为计算绝对值的方式实现。

该算法实际上是利用梯度方向进行匹配的方法。梯度计算方法通常采用 Sobel 算子实现。将梯度的方向表示成向量,然后通过计算向量之间的点积来判断相似度。由于采用了梯度,所以光照的变化不会影响匹配结果。当存在遮挡、混乱等情况时,由于该方法计算的是整个模板图像区域的梯度方向,相对于边缘匹配只匹配了边缘信息而言,所利用的图像信息更加完备,即使遮挡或混乱对整体向量点积之和的影响也非常小,因此,能够得到更加准确的匹配结果。

例 10-4 是利用形状匹配的具体实例。该例子是对 HALCON 自带的例子进行修改得到的。

例 10-4 利用形状匹配的具体实例。

```
*读取模板图像,用于制作模板
read_image(Image,'E:/示例/10-4-1.png')
*得到图像大小
get_image_size(Image,Width,Height)
*设置显示颜色
dev_set_color('red')
*显示图像
dev_display(Image)
*二值化
threshold(Image,Region,0,128)
*得到连通域
```

```
connection(Region,ConnectedRegions)
*根据面积选择区域
select_shape(ConnectedRegions,SelectedRegions,'area','and',10000,20000)
*填充
fill_up(SelectedRegions,RegionFillUp)
*膨胀运算
dilation_circle(RegionFillUp,RegionDilation,5.5)
*提取模板区域
reduce_domain(Image,RegionDilation,ImageReduced)
*创建多尺度旋转缩放形状模板
create_scaled_shape_model(ImageReduced,5,rad(-45),rad(90),'auto',0.8,1,
'auto','none','ignore_global_polarity',40,10,ModelID)
*得到模板的形状
get_shape_model_contours(Model,ModelID,1)
*计算模板区域面积和中心
area_center(RegionFillUp,Area,RowRef,ColumnRef)
*生成仿射变换函矩阵
vector_angle_to_rigid(0,0,0,RowRef,ColumnRef,0,HomMat2D)
*仿射变换,将模板的形状变换到模板原始图像上
affine_trans_contour_xld(Model,ModelTrans,HomMat2D)
*显示图像
dev_display(Image)
*显示形状
dev_display(ModelTrans)
*读取待匹配图像
read_image(Image1,'E:/示例/10-4-2.png')
*显示带匹配图像
dev_display(Image1)
设置显示线宽
dev_set_line_width(3)
*形状匹配
find_scaled_shape_model(Image1,ModelID,rad(-45),rad(90),0.8,1.0,0.3,0,
0.5,'least_squares',5,0.8,Row,Column,Angle,Scale,Score)
*依次找出匹配结果
for i:=0 to |Score|-1 by 1
    *生成单位变换矩阵
hom_mat2d_identity(HomMat2DIdentity)
    *生成平移矩阵
    hom_mat2d_translate(HomMat2DIdentity,Row[i],Column[i],HomMat2DTranslate)
```

```
*生成旋转矩阵
hom_mat2d_rotate(HomMat2DTranslate,Angle[i],Row[i],Column[i],HomMat2DRotate)
*生成缩放矩阵
hom_mat2d_scale(HomMat2DRotate,Scale[i],Scale[i],Row[i],Column[i], HomMat2DScale)
*仿射变换，将模板轮廓变换到目标图像上对应的匹配位置
affine_trans_contour_xld(Model,ModelTrans,HomMat2DScale)
*显示匹配结果
dev_display(ModelTrans)
endfor
```

图 10.6 是例 10-4 的运行结果，所用的图像是 HALCON 自带的示例图像。在待匹配的图像中，存在三个与模板图像相似的目标对象。但是，三个目标对象的姿态、大小与模板图像不一致。同时，还有一个目标对象存在严重遮挡的情况。从图 10.6 可以看出，采用形状匹配方法，能够完美地找出待匹配对象。

（a）模板原始图像　　　　　　　　（b）从原始图像提取的模板图像

（c）模板的轮廓　　　　　　　　（d）匹配结果

图 10.6　形状匹配结果

相对于灰度匹配和边缘匹配而言，形状匹配能够更加准确地查找目标对象中存在混乱、遮挡以及受非线性光照影响下的对象。该方法比较适合于目标对象的定位。比如，需要查找模板图像在目标图像中的位置和数量。如果需要进行产品的缺陷检测如 OCR 字符是否存在缺失，还需要在定位的基础上对其进行进一步的处理，而不能直接用匹配结果作为检测结果。同理，对于其他的匹配方式也一样。因为匹配结果并不能表示目标对象与模板图像完全一致。

10.6 基于特征的匹配

除了上面所提到的匹配方法之外，基于特征的匹配方法也是常用的方法。如基于矩的匹配和基于特征点的匹配。

10.6.1 基于矩的匹配方法

图像的矩匹配是一种基于特征的匹配方法。矩是概率与统计中的一个概念，是随机变量的一种数字特征。矩在数字图像处理中有着广泛的应用，如模式识别、目标分类、图像编码与重构等。数字图像中的矩，通常用于描述图像中目标对象的轮廓的形状特征，这种特征可以用于对图像做进一步的分析，如大小、位置、方向及形状等。利用这种特征可以实现模板图像与目标图像之间的匹配，用于查找目标图像中是否存在与模板相似的目标。

图像可以用二维离散函数 $f(x,y)$ 表示，该函数也可以看成是关于二维随机变量 (x,y) 的密度函数。如果把图像看成是一个平面物体，每个像素点的灰度值表示该位置的密度，该点的期望就是图像在给点的矩。在连续函数中，矩的定义如式（10-12）所示。

$$m_{pq} = \iint x^p y^q f(x,y) d_x d_y \quad p,q = 0,1,2,\cdots \quad (10\text{-}12)$$

式（10-12）中，p、q 取非负整数，$p+q$ 表示矩的阶。

对于用二维离散函数表示的数字图像，设图像大小为 $m \times n$，则其矩的定义如式（10-13）所示。

$$m_{pq} = \sum_{x=1}^{m} \sum_{y=1}^{n} x^p y^q f(x,y) \quad (10\text{-}13)$$

式（10-13）是计算图像的原点矩。从式（10-13）可以看出，图像的 0 阶矩 m_{00} 表示了图像的灰度值总和。因此，0 阶矩认为是目标区域的质量，而 1 阶矩表示目标区域的质心，2 阶矩表示目标区域的旋转半径，3 阶矩表示目标区域的方位和斜度，反应目标的扭曲。而更高阶的矩没有多大意义，通常对数字图像而言不再计算。利用 0 阶矩和 1 阶矩可以计算图像的重心坐标 (x_c, y_c)，如式（10-14）所示。

$$\begin{cases} x_c = \dfrac{m_{10}}{m_{00}} = \dfrac{\sum\limits_{x=1}^{n}\sum\limits_{y=1}^{m} xf(x,y)}{\sum\limits_{x=1}^{n}\sum\limits_{y=1}^{m} f(x,y)} \\ \\ y_c = \dfrac{m_{01}}{m_{00}} = \dfrac{\sum\limits_{x=1}^{n}\sum\limits_{y=1}^{m} yf(y,y)}{\sum\limits_{x=1}^{n}\sum\limits_{y=1}^{m} f(x,y)} \end{cases} \quad (10\text{-}14)$$

由式（10-14）求得重心坐标，由此可以构造中心矩

$$u_{pq} = \sum_{x=1}^{n}\sum_{y=1}^{m}(x-x_c)^p(y-y_c)^q f(x,y) \quad (10\text{-}15)$$

为抵消尺度变化对中心矩的影响，利用零阶中心矩 u_{00} 对各阶中心距进行归一化处理，得到归一化中心矩：

$$\eta_{pq} = \dfrac{u_{pq}}{u_{00}^r} \quad (10\text{-}16)$$

式（10-16）中，$r=(p+q)/2$。

利用二阶和三阶归一化中心矩可以构造如式（10-17）所示 7 个不变矩，该矩称为 hu 不变矩。hu 不变矩是一高度浓缩的图像特征，在连续图像下具有平移、尺度、旋转不变性等特性。

$$\left.\begin{aligned}
M_1 &= \eta_{20} + \eta_{02} \\
M_2 &= (\eta_{20} - \eta_{02})^2 + 4\eta_{11}^2 \\
M_3 &= (\eta_{30} - 3\eta_{12})^2 + (3\eta_{21} - \eta_{03})^2 \\
M_4 &= (\eta_{30} + \eta_{12})^2 + (\eta_{21} + \eta_{03})^2 \\
M_5 &= (\eta_{30} - 3\eta_{12})(\eta_{30} + \eta_{12})\left[(\eta_{30} + \eta_{21})^2 - 3(\eta_{21} + \eta_{03})^2\right] \\
&\quad + (3\eta_{21} - \eta_{03})(\eta_{21} + \eta_{03})\left[3(\eta_{30} + \eta_{12})^2 - (\eta_{21} + \eta_{03})^2\right] \\
M_6 &= (\eta_{20} - \eta_{02})\left[(\eta_{30} + \eta_{12})^2 - (\eta_{21} + \eta_{03})^2\right] + 4\eta_{11}(\eta_{30} + \eta_{12})(\eta_{21} + \eta_{03}) \\
M_7 &= (3\eta_{21} - \eta_{03})(\eta_{30} + \eta_{12})\left[(\eta_{30} + \eta_{12})^2 - 3(\eta_{21} + \eta_{03})^2\right] \\
&\quad - (\eta_{30} - 3\eta_{12})(\eta_{21} + \eta_{03})\left[3(\eta_{30} + \eta_{12})^2 - (\eta_{21} + \eta_{03})^2\right]
\end{aligned}\right\} \quad (10\text{-}17)$$

利用 hu 不变矩进行匹配即利用了该特征具有平移、尺度、旋转不变性等特性。在 opencv 中实现的形状匹配算法即采用这种方式计算特征并进行匹配。在 HALCON 中并没有提供基于 hu 不变矩的匹配算法。尽管在理论上，hu 不变矩可以实现完美的基于特征的匹配。但是，实际图像中，每一幅图像总会有一些区别。因此，即使人眼看起来是相同形状的目标对象，计算得到的 hu 不变矩也会有一定区别，而且，可能导致不同的形状得到的 hu 不变矩结果比较接近，所以采用这种匹配方法其结果往往出现较多的错误匹配。在实际使用中，通常计算轮廓的 hu 不变矩来实现，该方法对轮廓的精度要求比较高。

10.6.2 基于特征点的匹配方法

图像中的特征点是指图像中目标对象的角点、拐点以及极值点等,这些点在图像上表现为图像边缘上曲率较大的点或灰度值发生剧烈变化的点。特征点通常不受光照变化的影响,同时,即使图像出现了平移、旋转、缩放的变化,特征点依然不变。因此,特征点是比较稳定的一种特征。但是,首先需要准确检测出这些特征点,才能进行匹配。

特征点检测算法有很多,经典的有 SIFT 算法,由此衍生出如 SURF、BRISK、FREAK、FAST、ORB 等特征点检测算法。

特征点算法检测结果是一个点集。因此,其匹配方法是判断模板图像中的特征点与目标图像中对应位置的特征点之间的相似性,也就是判断两个点集之间的相似性。可以采用 Hausdorff 距离来判断两个点集的相似度。Hausdorff 距离不需要点之间有一一对应的关系,只是计算两个点集的相似度。所以,Hausdorff 距离可以处理有多个特征点的情况。给定两组点集 $A=\{a_1,a_2,a_3,\cdots\}$,$B=\{b_1,b_2,b_3,\cdots\}$。Hausdorff 距离的定义如式(10-18)所示。

$$H(A,B)=\max[h(A,B),h(B,A)] \quad (10\text{-}18)$$

其中

$$h(A,B) = \max_{a_i \in A} \min_{b_j \in B} \|a_i - b_j\| \quad (10\text{-}19)$$

$$h(B,A) = \max_{b_i \in B} \min_{a_j \in A} \|b_i - a_j\| \quad (10\text{-}20)$$

$H(A,B)$ 称为双向 Hausdorff 距离,$h(A,B)$ 是点集 A 到点集 B 的单向 Hausdorff 距离。$h(B,A)$ 是点集 B 到点集 A 的单向 Hausdorff 距离。Hausdorff 距离量度可以理解成一个点集中的点到另一个点集的最短距离的最大值。其距离的计算方式可以采用欧式距离、曼哈顿距离等。

采用特征点进行匹配需要考虑的问题是,特征点的检测算法是否足够稳定。即对于不同光照、不同旋转角度以及缩放的图像,都能够准确检测出特征点。此外,图像中必须有一定数量的特征点,如果模板图像中没有检测出特征点,该算法也是失效的。一种改进方法是直接将图像中的边缘点作为特征点,如果图像中存在遮挡、混乱的情况,此时也可以采用 Hausdorff 距离进行匹配。只是,这时候不再求最大距离,可以给定一个阈值,距离满足阈值要求的认为是匹配的。另一个需要考虑的问题是,Hausdorff 距离的计算比较耗时,如果机器视觉系统对时间的要求比较高,则需要慎重使用该算法。

习 题

10.1 什么是图像模板匹配?图像模板匹配的目的是什么?

10.2 设目标图像大小为 1280×960,模板图像大小为 256×256,计算进行模板匹配中模板需要移动的次数。

10.3 对于题 10.2 所描述的图像大小和模板大小,进行两次高斯金字塔采样之后,计算进行模板匹配中模板需要移动的次数。

10.4 基于灰度值的匹配有何缺点?

10.5 解释归一化互相关系数相似度量计算公式中，每一项的具体意义。
10.6 在 HALCON 中练习归一化互相关系数匹配。
10.7 在 HALCON 中练习形状匹配。讨论采用不同的金字塔层数，不同的匹配得分，不同的起止角度等参数对匹配结果的影响。
10.8 解释基于矩的匹配方法，说明其原理和方法，分析其优缺点。
10.9 解释基于特征点的匹配方法，说明其原理和方法，分析其优缺点。

第11章

摄像机标定

图像的像素坐标反映的是目标对象在图像中的位置。摄像机标定的过程是建立真实世界三维坐标与图像上二维坐标之间的关系。建立这种关系是利用图像进行准确测量目标对象的必要过程。此外，摄像机在安装时，如果无法保证成像平面与被测对象平行，将会导致透视失真，如实际的圆在图像中将变成一个椭圆。镜头在制造、安装过程中，不可避免地存在误差，这种误差也会导致真实位置投影在图像中的位置出现偏差。因此，有必要对镜头进行畸变校正。如果对图像进行亚像素准确度的边缘提取，机器人视觉引导以及准确的长度测量等，必须对摄像机进行标定。标定后可以得到目标对象在世界坐标系下的坐标。建立真实世界三维坐标到图像坐标的关系包括了镜头的畸变校正。

11.1 标定原理

为了描述真实世界三维坐标与图像坐标之间的关系，需要建立四个基本的坐标系，分别是世界坐标系、摄像机坐标系、像平面坐标系和图像坐标系。其基本关系如图 11.1 所示。

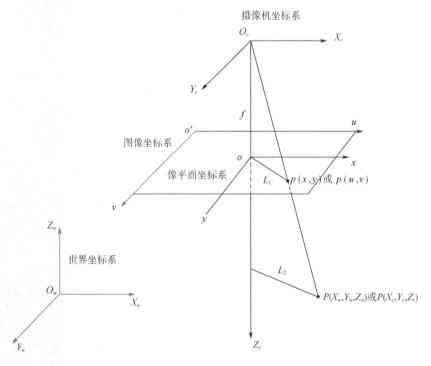

图 11.1 摄像机成像坐标关系

世界坐标系(X_w, Y_w, Z_w)称为绝对坐标系，是客观世界的绝对坐标。描述现实世界的目标位置常采用该坐标系来表示。

摄像机坐标系(X_c, Y_c, Z_c)是以摄像机为中心的坐标系。一般选择摄像机的光轴为 z 轴，以摄像机光心为坐标原点。

像平面坐标系(x, y)是成像平面上的坐标系，其坐标原点为光轴与像平面的交点，x 轴和 y 轴的方向与摄像机坐标系的 x、y 轴分别平行。$O_c o$ 的连线长度为 f，表示摄像机常量或主距，不是摄像机的焦距。

图像坐标系是以图像的左上角为原点，u方向与像平面坐标系的x轴平行，v方向与像平面坐标系的y轴平行。

在以上坐标系中，图像坐标系是以像素为单位的，而其他的坐标系是以长度为单位，坐标单位一般为mm。

11.1.1 坐标系之间的转换关系

摄像机标定涉及的硬件主要是摄像机和镜头，有时候会用到图像采集卡。摄像机类型有面阵和线阵两种，镜头有普通镜头和远心镜头。在此以面阵摄像机和普通镜头为例，来说明摄像机标定的坐标转换关系。该组合也是针孔摄像机模型。标定的过程也是世界坐标系下三维坐标到图像二维坐标的映射过程，该映射可以用固定数量的参数来表示。这些参数也称为摄像机参数，标定即为确定这些摄像机参数。其中，摄像机相对于视觉坐标的位置参数称为摄像机外方位参数或外部参数，简称外参。摄像机本身的参数称为摄像机内方位参数或内部参数，简称内参。

从图11.1可以看出，真实世界上一点$P(X_w,Y_w,Z_w)$需要通过摄像机坐标、像平面坐标和图像坐标转换到图像中对应点位置$p(u,v)$。从世界坐标到摄像机坐标之间的转换属于刚性变换，也就是通过平移和旋转可以完成该转换。设旋转矩阵为R，平移矩阵为T，则世界坐标与摄像机坐标之间的关系可以用式（11-1）所示矩阵表示。

$$\begin{bmatrix} X_c \\ Y_c \\ Z_c \\ 1 \end{bmatrix} = \begin{bmatrix} R & T \\ 0^T & 1 \end{bmatrix} \begin{bmatrix} X_w \\ Y_w \\ Z_w \\ 1 \end{bmatrix} = \begin{bmatrix} r_{11} & r_{12} & r_{13} & t_x \\ r_{21} & r_{22} & r_{23} & t_y \\ r_{31} & r_{32} & r_{33} & t_z \\ 0 & 0 & 0 & 1 \end{bmatrix} \begin{bmatrix} X_w \\ Y_w \\ Z_w \\ 1 \end{bmatrix} \tag{11-1}$$

设绕摄像机坐标系z轴旋转的角度为γ，绕y轴旋转角度为β，绕x轴旋转角度为α。因此，旋转矩阵R也可以表示如式（11-2）所示。

$$R(\alpha,\beta,\gamma) = \begin{bmatrix} 1 & 0 & 0 \\ 0 & \cos\alpha & -\sin\alpha \\ 0 & \sin\alpha & \cos\alpha \end{bmatrix} \begin{bmatrix} \cos\beta & 0 & \sin\beta \\ 0 & 1 & 0 \\ -\sin\beta & 0 & \cos\beta \end{bmatrix} \begin{bmatrix} \cos\gamma & -\sin\gamma & 0 \\ \sin\gamma & \cos\gamma & 0 \\ 0 & 0 & 1 \end{bmatrix} \tag{11-2}$$

由式（11-1）和式（11-2）计算可知，旋转矩阵R满足如下约束条件：

$$\begin{cases} r_{11}^2 + r_{12}^2 + r_{13}^2 = 1 \\ r_{21}^2 + r_{22}^2 + r_{23}^2 = 1 \\ r_{31}^2 + r_{32}^2 + r_{33}^2 = 1 \end{cases} \tag{11-3}$$

三个旋转角度α,β,γ和三个平移距离t_x,t_y,t_z决定了摄像机相对于世界坐标系的位置，因此，这六个参数就是摄像机的外参。

从图11.1可以看出，成像平面坐标系与摄像机坐标系之间的关系可以用相似三角形成比例得出

$$\frac{x}{X_c} = \frac{y}{Y_c} = \frac{f}{Z_c} \tag{11-4}$$

因此有

$$\begin{cases} x = fY_c / Z_c \\ y = fY_c / Z_c \end{cases} \tag{11-5}$$

采用矩阵表示如下：

$$Z_c \begin{bmatrix} x \\ y \\ 1 \end{bmatrix} = \begin{bmatrix} f & 0 & 0 & 0 \\ 0 & f & 0 & 0 \\ 0 & 0 & 1 & 0 \end{bmatrix} \begin{bmatrix} X_c \\ Y_c \\ Z_c \\ 1 \end{bmatrix} \tag{11-6}$$

设图像坐标系的中心坐标为(u_0, v_0)，s_x、s_y表示一个像素在x和y方向上的物理尺寸，也可以称为缩放因子，图像坐标系相对于像平面坐标系只是原点位置做了偏移。因此，两者之间的转换关系如下：

$$\begin{cases} u = x / s_x + u_0 \\ v = y / s_y + v_0 \end{cases} \tag{11-7}$$

以上即为世界坐标系到图像坐标系之间的转换。在式（11-6）和式（11-7）中，参数f、s_x、s_y、u_0、v_0只与摄像机内部结构有关，即为摄像机内参。标定过程就是确定摄像机外参和内参的过程。联立以上公式，就可以得到世界坐标到图像坐标之间的关系，写成矩阵形式如下：

$$\begin{aligned} Z_c \begin{bmatrix} u \\ v \\ 1 \end{bmatrix} &= \begin{bmatrix} 1/s_x & 0 & u_0 \\ 0 & 1/s_y & v_0 \\ 0 & 0 & 1 \end{bmatrix} \begin{bmatrix} f & 0 & 0 & 0 \\ 0 & f & 0 & 0 \\ 0 & 0 & 1 & 0 \end{bmatrix} \begin{bmatrix} R & T \\ 0^T & 1 \end{bmatrix} \begin{bmatrix} X_w \\ Y_w \\ Z_w \\ 1 \end{bmatrix} \\ &= \begin{bmatrix} f/s_x & 0 & u_0 & 0 \\ 0 & f/s_y & v_0 & 0 \\ 0 & 0 & 1 & 0 \end{bmatrix} \begin{bmatrix} R & T \\ 0^T & 1 \end{bmatrix} \begin{bmatrix} X_w \\ Y_w \\ Z_w \\ 1 \end{bmatrix} = M_1 M_2 W = MW \end{aligned} \tag{11-8}$$

式（11-8）中，M为3×4的投影矩阵，有时也将M_1称为内参矩阵，M_2称为外参矩阵。因此，式（11-8）可以表示为式（11-9）所示。

$$Z_c \begin{bmatrix} u \\ v \\ 1 \end{bmatrix} = MW = \begin{bmatrix} m_{11} & m_{12} & m_{13} & m_{14} \\ m_{21} & m_{22} & m_{23} & m_{24} \\ m_{31} & m_{32} & m_{33} & m_{34} \end{bmatrix} \begin{bmatrix} X_w \\ Y_w \\ Z_w \\ 1 \end{bmatrix} \tag{11-9}$$

将式（11-9）展开成方程的形式，如式（11-10）所示。

$$\begin{cases} Z_c u = m_{11} X_w + m_{12} Y_w + m_{13} Z_w + m_{14} \\ Z_c v = m_{21} X_w + m_{22} Y_w + m_{23} Z_w + m_{24} \\ Z_c = m_{31} X_w + m_{32} Y_w + m_{33} Z_w + m_{34} \end{cases} \tag{11-10}$$

将式（11-10）中第一个和第二个方程分别除以第三个方程，消去Z_c，整理得到如式

(11-11）所示方程。

$$\begin{cases} m_{11}X_w + m_{12}Y_w + m_{13}Z_w - m_{31}uX_w - m_{32}uY_w - m_{33}uZ_w = um_{34} \\ m_{21}X_w + m_{22}Y_w + m_{23}Z_w - m_{31}vX_w - m_{32}vY_w - m_{33}vZ_w = vm_{34} \end{cases} \quad (11\text{-}11)$$

在式（11-11）中，只包括了真实世界的三维坐标(X_w,Y_w,Z_w)和对应的图像坐标(u,v)。变换矩阵M有12个参数，对于每个确定的标定点，都能够得到式（11-11），如果已知(X_w,Y_w,Z_w)和(u,v)，选取足够多的标定点（至少6个标定点），则可以求解矩阵M，从而求解出内参矩阵M_1和外参矩阵M_2。

11.1.2 镜头畸变

以上坐标转换过程为线性标定过程，没有考虑镜头畸变造成的影响，是一个完整的从三维世界坐标到二维图像坐标的转换过程。但是，镜头在制造、安装过程中不可避免地会出现误差，由于这种镜头畸变，导致投影到成像平面后，坐标(x,y)将会发生变化。镜头畸变主要有径向畸变、偏心畸变以及薄棱镜畸变。径向畸变是指由于光学镜头的径向曲率变化引起的沿着矢径方向的变化导致图像变形，偏心畸变是单个镜头的光轴没有完全对齐造成的图像变形，薄棱镜畸变指镜头制造误差和成像元件制造误差引起的图像变形。

在大部分的机器视觉应用中，镜头畸变都可以近似为基于除法模型的径向畸变。设$r^2 = x^2 + y^2$，这种除法模型表示的径向畸变引起的坐标变化可以表示为如式（11-12）所示。

$$\begin{bmatrix} x' \\ y' \end{bmatrix} = \frac{1}{1+\sqrt{1-4k(x^2+y^2)}} \begin{bmatrix} x \\ y \end{bmatrix} = \frac{1}{1+\sqrt{1-4kr^2}} \begin{bmatrix} x \\ y \end{bmatrix} \quad (11\text{-}12)$$

式（11-12）中，参数k称为径向畸变系数。如果$k<0$，称为桶形畸变；如果$k>0$，称为枕形畸变。图11.2 显示了这种畸变引起的图像变形情况。除法模型可以方便地进行畸变校正。在通过图像坐标进行世界坐标的转换时，可以通过式（11-13）实现。

$$\begin{bmatrix} x \\ y \end{bmatrix} = \frac{1}{1+k(x'^2+y'^2)} \begin{bmatrix} x' \\ y' \end{bmatrix} = \frac{1}{1+kr'^2} \begin{bmatrix} x' \\ y' \end{bmatrix} \quad (11\text{-}13)$$

式（11-13）中，$r'^2 = x'^2 + y'^2$。

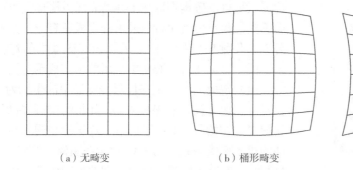

(a）无畸变　　　　　　(b）桶形畸变　　　　　　(c）枕形畸变

图11.2　镜头径向畸变示意图

对于某些情况如果只用径向畸变不够精确，需要加上偏心畸变。这时除法模型可能不够精确，但是，可以采用多项式模型进行畸变校正。多项式畸变校正模型如式（11-14）所示。

$$\begin{cases} x = x'(1+k_1r'^2+k_2r'^4+k_3r'^6+\cdots)+[p_1(r'^2+2x'^2)+2p_2x'y'](1+p_3r'^2+\cdots) \\ x = y'(1+k_1r'^2+k_2r'^4+k_3r'^6+\cdots)+[2p_1x'y'+p_2(r'^2+2y'^2)](1+p_3r'^2+\cdots) \end{cases} \quad (11\text{-}14)$$

式（11-14）中，k_i 是径向畸变系数，p_i 是偏心畸变系数，通常，取 k_1、k_2、k_3、p_1、p_2，更高阶项对结果的影响可以忽略。如果对除法模型的校正因子展开为几何级数，可以得到式（11-15）所示结果。

$$\frac{1}{1+kr'^2} = \sum_{i=0}^{\infty}(-kr'^2)^i = 1-kr'^2+k^2r'^4-k^3r'^6+\cdots \quad (11\text{-}15)$$

可以看出，如果令 $k_i=(-k)^i$，则除法模型就是没有偏心畸变的多项式模型。结合式（11-7）像平面坐标向图像坐标的转换方式，如果加上镜头畸变校正，则式（11-7）应该修改为式（11-16）所示形式。

$$\begin{cases} u = x'/s_x + u_0 \\ v = y'/s_y + v_0 \end{cases} \quad (11\text{-}16)$$

因此，加上畸变校正系数 k，摄像机的内参应该是 f、k、s_x、s_y、u_0、v_0 六个参数。对于针孔摄像机而言，摄像机标定即为标定六个内参和六个外参。它们决定了摄像机的方位以及世界坐标系下的三维坐标向图像坐标系下的二维坐标投影关系。

11.2 标定过程

标定过程就是确定摄像机内参和外参的过程。从 11.1 节标定原理可以知道，必须知道世界坐标系下三维坐标与图像二维坐标之间的对应关系。为了准确满足这种对应关系，一般采用容易提取特征的标定板来实现。标定板相对于世界坐标系的位置可以方便确定，比如，通常情况下直接将世界坐标系的原点设置在标定板的中心位置。

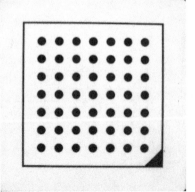

图 11.3 HALCON 中使用的标定板

标定板上的标识通常做成圆或方格形状。圆形结构形状可以准确地提取中心坐标，而方格形状也可以准确提取角点位置坐标。采用标定板还有一个好处是可以方便地确定标定板上的标识在图像中的对应关系。图 11.3 是 HALCON 中使用的标定板示意图。

设标定板上的标识在世界坐标系下的坐标为 M_i，在对应图像上提取的坐标为 m_i。如果给定摄像机外参和内参的初始值，则可以通过世界坐标与图像坐标之间的投影变换关系，求解 M_i 对应在图像上的坐标。设 L 表示世界坐标与图像坐标之间的投影变换关系，相机的参数用向量 c 表示，即 $c=(f,k,s_x,s_y,u_0,v_0)$，则标定过程为式（11-17）所示的优化过程。

$$d(c) = \sum_i^k [m_i - L(M_i, c)]^2 \to \min \tag{11-17}$$

式（11-17）中，k 代表标识的数量，如图 11.3 中圆形标识的数量。式（11-17）的优化过程是一个非线性优化过程。因此，选择好的初始值非常重要。摄像机的内参初始值可以通过其说明书得到，摄像机的外参初始值可以通过标识点投影得到的椭圆尺寸得到。

式（11-17）不能得到摄像机的所有参数。对于内参而言，f, s_x, s_y 具有相同的缩放因子，而外参在 Z 轴上的距离 t_z 与内参 f 同样也有相同的缩放因子。如图 11.4 和图 11.5 所示。因此，参数 f, s_x, s_y, t_z 不能得到唯一解。为了解决该问题，通常在优化过程中保持 s_y 不变。同时，采用多幅图像进行标定。

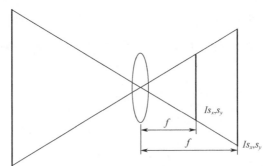

图 11.4　f, s_x, s_y 具有相同的缩放因子

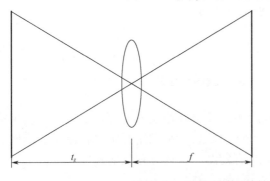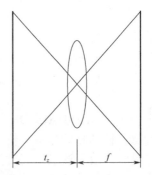

图 11.5　f, t_z 具有相同的缩放因子

除了采用多幅图像进行标定之外，还需要保证标定板图像要完全在图像视野范围内。此外，所拍摄的图像需要保证相互之间不能平行。一般在标定板水平放置的时候采集一幅图像，在四个角落位置分别绕 x, y, z 轴旋转一定角度并采集一幅图像来进行标定。设采集的图形数量为 n，因此，式（11-17）的优化模型修改为式（11-18）所示。如果采集的图像数量越多，式（11-18）将得到更加准确的摄像机参数。

$$d(c) = \sum_{j=1}^n \sum_i^k [m_{i,j} - L(M_i, c)]^2 \to \min \tag{11-18}$$

虽然上述的标定过程比较复杂，但是，在 HALCON 中已经做好了相关的模块，可以利用 HALCON 提供的标定助手，快速完成摄像机的标定过程。图 11.6 是 HALCON 提供的标定助手界面。

(a) 导入标定板信息文件

(b) 导入拍摄的标定板图像

(c) 标定结果   (d) 标定代码插入

图 11.6　HALCON 标定助手

通过图 11.6 所示 HALCON 标定助手,设定好相关的文件,即可快速实现摄像机标定,得到摄像机的相关参数。例 11-1 来自 HALCON 利用标定进行测量的示例,并对其进行了精简和修改。该示例通过摄像机标定结果,计算划痕的长度。

例 11-1　划痕长度检测示例。

```
*读取原始图像
read_image(Image,'scratch/scratch_perspective')
*得到图像大小
get_image_size(Image,Width,Height)
*显示图像
dev_display(Image)
*标定板描述文件,在HALCON安装目录下,也可以自己制作
CaltabName:='caltab_30mm.descr'
*生成标定的初始参数
gen_cam_par_area_scan_division(0.012,0,0.0000055,0.0000055,Width/2,Height/2,Width,Height,StartCamPar)
```

```
*创建标定数据模型
create_calib_data('calibration_object',1,1,CalibDataID)
*设置标定相机参数
set_calib_data_cam_param(CalibDataID,0,[],StartCamPar)
*设置标定板数据
set_calib_data_calib_object(CalibDataID,0,CaltabName)
NumImages:=12
for I:=1 to NumImages by 1
    *依次读取12副标定板图像
    read_image(Image,'scratch/scratch_calib_'+I$'02d')
    *查找标定板上的目标
    find_calib_object(Image,CalibDataID,0,0,I,[],[])
endfor
*摄像机标定
calibrate_cameras(CalibDataID,Error)
*得到标定后的相机内参
get_calib_data(CalibDataID,'camera',0,'params',CamParam)
*得到标定后的相机外参
get_calib_data(CalibDataID,'calib_obj_pose',[0,1],'pose',PoseCalib)
*打开一个图像窗口
dev_open_window(0,Width+5,Width,Height,'black',WindowHandle2)
*外参z轴旋转角度90°
tuple_replace(PoseCalib,5,PoseCalib[5]-90,PoseCalibRot)
*设置变换原点
set_origin_pose(PoseCalibRot,-0.04,-0.03,0.00075,Pose)
*像素距离
PixelDist:=0.00013
*获得与姿势相对应的齐次变换矩阵
pose_to_hom_mat3d(Pose,HomMat3D)
*生成一个描述图像平面与世界坐标系的平面z=0之间映射的投影图
gen_image_to_world_plane_map(Map,CamParam,Pose,Width,Height,Width,Height,PixelDist,'bilinear')
*读取需要校正和测量的原始图像
read_image(Image,'scratch/scratch_perspective')
*对图像进行映射
map_image(Image,Map,ModelImageMapped)
*对映射后的图像进行处理,得到划痕
fast_threshold(ModelImageMapped,Region,0,80,20)
fill_up(Region,RegionFillUp)
erosion_rectangle1(RegionFillUp,RegionErosion,5,5)
```

```
reduce_domain(ModelImageMapped,RegionErosion,ImageReduced)
fast_threshold(ImageReduced,Region1,55,100,20)
dilation_circle(Region1,RegionDilation1,2.0)
erosion_circle(RegionDilation1,RegionErosion1,1.0)
connection(RegionErosion1,ConnectedRegions)
select_shape(ConnectedRegions,SelectedRegions,['area','ra'],'and',[40,15],[2000,1000])
count_obj(SelectedRegions,NumScratches)
dev_display(ModelImageMapped)
for I:=1 to NumScratches by 1
    dev_set_color('yellow')
    select_obj(SelectedRegions,ObjectSelected,I)
    skeleton(ObjectSelected,Skeleton)
    gen_contours_skeleton_xld(Skeleton,Contours,1,'filter')
    dev_display(Contours)
    length_xld(Contours,ContLength)
    area_center_points_xld(Contours,Area,Row,Column)
    *显示划痕的长度
    disp_message(WindowHandle2,'L='+(ContLength*PixelDist*100)$'.4'+'cm','window',Row-10,Column+20,'yellow','false')
endfor
clear_calib_data(CalibDataID)
```

图 11.7 是运行结果,其中,图 11.7(a)是原始图像,图 11.7(b)是校正之后的图像,并在其上显示了划痕测量的结果。单位已经变成了世界坐标系下的长度单位。

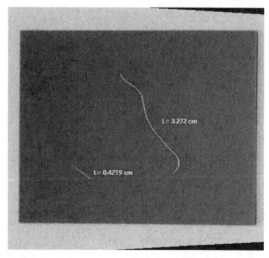

(a)原图像　　　　　　　　　　(b)变换后的图像以及测量结果

图 11.7　摄像机标定测量结果

习 题

11.1 摄像机标定的目的是什么?
11.2 简述摄像机标定的过程。在标定中,对标定板图像采集有哪些注意事项?
11.3 解释摄像机标定中,摄像机的内参和外参分别代表什么含义。
11.4 在 HALCON 中练习摄像机标定。

第12章

12

机器视觉应用实例分析

为了说明机器视觉技术在工程领域的应用，本章通过一些具体的案例来展示前面所提到的数字图像处理算法如何应用在具体的视觉系统中。尽管前面所提到的算法是机器视觉以及数字图像处理的基础算法，但在常见的视觉任务中，已经足够。此外，HALCON作为一个图像处理平台，不是一个完整的机器视觉系统。要搭建一个完整的机器视觉系统，通常要借助其他编程语言进行系统框架的搭建和软件算法的集成。本章通过HALCON与c#混合编程实例，介绍如何搭建一个机器视觉系统。

12.1 点阵字符分割与识别

在食品饮料行业，包装材料上需要打印生产日期等字符信息。尽管目前已经有不少企业采用激光打印可以得到更清晰的字符。但是，还存在大量采用传统的点阵字符喷码机进行字符打印的情况。在打印过程中，由于喷码机、传送带、产品位置等都可能出现不可避免的故障，导致打印出来的字符存在各种缺陷。例如，喷码机的喷头出现油墨堵塞导致字符不清晰，传送带速度发生变化导致字符打印位置偏差，产品位置变动导致没有打印上字符等。生产日期是产品重要的标识，必须严格保证每个产品上的生产日期清晰可见。因此，需要对其进行检测。图12.1是某产品打印的点阵字符。该应用需要准确识别产品上的字符，确保字符没有打印错误。

图12.1 点阵字符示例

该应用所使用的算法主要有二值化算法、形态学算法和分类识别算法。分类识别算法属于机器学习算法，作为数字图像处理中比较高级的算法，虽然在前面没有介绍其原理，但可以借助HALCON方便的应用。在此示例中，将简单介绍其原理以及应用方法。

12.1.1 确定字符区域

图12.1的图像直接采用环形白光直接照明进行图像采集。字符区域周围没有其他的特征干扰。该类字符识别的难点在于字符的分割。尽管单独分割出字符区域比较容易，但是，要将每个字符单独分割开来还是比较困难，而且，选定的图像处理算法需要适应生产线上采集的所有图像。

首先，采用二值化算法对字符区域进行定位，为了避免光照变化的影响，采用动态阈值对其进行阈值分割。然后对分割后的区域进行区域闭运算操作，闭运算的结构元素可以选择比较大的圆形结构。由此可以将字符区域进行连通，再通过面积和高度特征对连通区域进行过滤，由此得到完整的字符区域。图 12.2 是分割出的字符区域。

图 12.2　分割出的字符区域

12.1.2　分割单个字符

点阵字符中每个字符都是由独立的点构成，每个点都是独立的连通域。要实现字符分割，首先需要将每个字符进行连通。由于前面已经提取了字符区域，因此，可以单独对该区域进行操作。与第一步类似，首先通过动态阈值算法分割出字符区域；然后，利用闭运算将单个字符进行连通。采用比较小的结构元素进行闭运算，可以保证单个字符区域连通的情况下，相邻字符之间不受大的影响。因此，针对此字符，可以直接分割出每个字符。图 12.3 是分割出的字符结果。为了显示效果，图 12.3 采用了白色来显示分割出的单个字符。

图 12.3　分割出的单个字符

字符分割之后，需要保证每个字符区域都按照图中所示顺序排列，需要对字符进行排序，这样是为了保证训练的结果与每个区域一一对应。虽然 HALCON 已经提供了排序的算子，还是需要理解排序的原理。对于图像中的字符区域，可以采用最小包围矩形区域的坐标来进行排序。采用此种方式排序，需要满足字符区域都处于水平位置。如果字符与水平线之间的角度较小，即使字符有一定的倾斜角度，也不会影响排序结果。如果角度比较大，需要对其进行倾斜校正后再排序。

12.1.3 字符训练与识别

在所有的识别中，首先需要对识别的对象进行训练。训练相当于人类的学习过程，对于计算机而言，只有学习过的对象，才能够在下次遇到的时候进行识别。训练本质是将某个对象进行一种独特的表示。这种表示通常是一个向量，里面包含了各种数字。因此，图像中的训练可以理解为将每个图像对象用一串独特的数字表示出来。在进行识别时，通过判断待识别对象与训练中的每个对象的相似度，选择最相似的作为识别结果。显然，训练出来的结果如果唯一性比较好，识别的结果也会比较好。在此过程中，需要保证有足够的训练对象，否则将出现欠拟合的情况，但是训练对象过多，又可能出现过拟合的情况。因此，需要选择合适的训练数量，但具体数量在实际中很难确定。本例中，只是演示了字符识别的具体过程，选择了一张训练图像和一张识别图像。通过本实例，应该掌握字符识别的具体过程。

在本实例中，采用的是支持向量机（SVM，Support Vector Machine）的方式实现的训练和识别，当然也可以采用神经网络等方式实现。首先，确定需要训练的目标字符以及字符数量，确定类别数量；然后，对排好序的字符进行训练，此过程也就是字符的特征计算过程。每个字符训练出一个特征，用一行数字向量表示，然后将训练结果保存在指定的路径下。最后，读取训练文件，将待识别图像采用与训练图像同样的方式进行字符分割，将每个分割结果利用训练文件进行识别。完整的点阵字符分割与识别过程如下所示。图 12.4 是识别的结果。

例 12-1 字符分割与识别。

```
*设定训练文件路径和名称
trainfile:='E:/示例程序/ocrtrain'
*设定训练的字符
class:=['B','E','S','T','B','E','F','O','R','E','J','A','N','0','7','2','0','2','1']
*训练的字符数量
Num:=|class|
*设定显示颜色
dev_set_color('white')
*读取训练图像
read_image(Image,'E:/示例程序/train.jpg')
*动态阈值与闭运算处理提取字符区域
mean_image(Image,ImageMean,59,59)
dyn_threshold(Image,ImageMean,RegionDynThresh,15,'dark')
```

```
closing_circle(RegionDynThresh,RegionClosing,21.5)
connection(RegionClosing,ConnectedRegions)
*选择字符区域
select_shape(ConnectedRegions,SelectedRegions,['area','height'],'and',[7071.55,37.44],[29534.1,173.88])
union1(SelectedRegions,RegionUnion)
smallest_rectangle1(RegionUnion,Row1,Column1,Row2,Column2)
gen_rectangle1(Rectangle,Row1,Column1,Row2,Column2)
reduce_domain(Image,Rectangle,ImageReduced)
*对字符区域再次进行移阈值处理和形态学处理，提取单个字符
mean_image(ImageReduced,ImageMean1,19,19)
dyn_threshold(ImageReduced,ImageMean1,RegionDynThresh1,15,'dark')
closing_circle(RegionDynThresh1,RegionClosing1,3.5)
connection(RegionClosing1,ConnectedRegions1)
smallest_rectangle1(ConnectedRegions1,Row1,Column1,Row2,Column2)
*对字符进行排序
sort_region(ConnectedRegions1,SortedRegions,'character','true','row')
*写入训练文件
write_ocr_trainf(SortedRegions,Image,class,trainfile)
*读取训练文件信息
read_ocr_trainf_names(trainfile,CharacterNames,CharacterCount)
*创建训练模型
create_ocr_class_svm(8,10,'constant','default',CharacterNames,'rbf',0.02,0.05,'one-versus-one','normalization',10,OCRHandle)
*训练
trainf_ocr_class_svm(OCRHandle,'E:/示例程序/ocrtrain.trf',0.001,'default')
*读取识别图像
read_image(Image1,'E:/示例程序/test.jpg')
*对识别图像采用与训练图像相同的方式实现字符分割
mean_image(Image1,ImageMean1,59,59)
dyn_threshold(Image1,ImageMean1,RegionDynThresh1,15,'dark')
closing_circle(RegionDynThresh1,RegionClosing1,21.5)
connection(RegionClosing1,ConnectedRegions1)
select_shape(ConnectedRegions1,SelectedRegions1,['area','height'],'and',[7071.55,37.44],[29534.1,173.88])
union1(SelectedRegions1,RegionUnion1)
smallest_rectangle1(RegionUnion1,Row1,Column1,Row2,Column2)
gen_rectangle1(Rectangle1,Row1,Column1,Row2,Column2)
reduce_domain(Image1,Rectangle1,ImageReduced1)
mean_image(ImageReduced1,ImageMean2,19,19)
```

```
dyn_threshold(ImageReduced1,ImageMean2,RegionDynThresh2,15,'dark')
closing_circle(RegionDynThresh2,RegionClosing2,3.5)
connection(RegionClosing2,ConnectedRegions2)
smallest_rectangle1(ConnectedRegions2,Row1,Column1,Row2,Column2)
sort_region(ConnectedRegions2,SortedRegions1,'character','true','row')
*字符识别
do_ocr_multi_class_svm(SortedRegions1,ImageReduced1,OCRHandle,Result)
dev_clear_window()
dev_display(Image1)
area_center(SortedRegions1,Area,Row,Column)
*显示识别结果
dev_disp_text(Result,'image',Row,Column,'black',[],[])
```

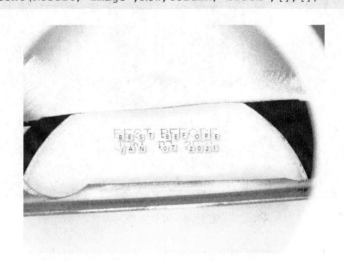

图 12.4　字符识别结果

该实例是一个完整的点阵字符识别实例。虽然只用了很少的图像演示了该过程，但是，已经足以说明字符分割和识别的完整过程。所使用的算法主要是阈值分割算法、形态学算法和 SVM。通过该实例，可以了解机器视觉在工程应用中如何解决字符识别的问题。对于其他类型的字符识别问题，也可以采用类似的方式解决。

12.2　镜片自动分拣

在这个应用中，用于实现利用机器人自动将镜片抓起进行分拣装盒，抓取采用真空吸盘的方式实现。该应用的关键是寻找镜片的中心位置坐标。镜片直径的大小有多种型号。此外，镜片从一面向另一面凸起。因此，有一面是向镜片中心凹进去，另一面是从中心向外凸起。在自动抓取时，只抓取镜片凹面向上的镜片。完成之后将剩下的镜片进行翻面，然后再抓取剩下的镜片进行装盒。

该应用的关键问题有两个，其一是判断镜片凹面是向上还是向下，其二是如何寻找凹面向上的镜片中心。对于第一个问题，可以采用光源打光方式实现。由于凹面和凸面向上的时候，镜片边缘的反光不一样。因此，可以利用这一特点，让光源的光线只反射镜片凹面向上的边缘，如图12.5所示。边缘呈明亮区域的为凹面向上，边缘较暗的为凸面向上。尽管镜片上还有少部分区域比较明亮，但是并不影响区分镜片的凹面和凸面。对于第二个问题，如果能够比较准确地寻找出凹面向上的镜片的边界，则可以找出该镜片的中心。一个有利的特点是，此类应用利用真空吸盘进行抓取，而镜片质量比较轻，真空吸盘用软的材料做成，即使位置有一定偏差的时候，也不影响抓取。

图 12.5 镜片图像

实现此应用的机器人一般采用并联机器人，其抓取速度较快。当然，要实现机器人自动抓取，还需要图像坐标向机器人坐标进行转换。如果为了更精确地定位中心，需要对相机镜头进行畸变校正，然后对相机进行标定，将图像坐标向世界坐标进行转换，然后再将世界坐标发送给机器人。在此只说明图像中凹面镜片的中心位置寻找方法。该应用所使用的算法主要有阈值分割、区域填充、区域边界提取与圆拟合等。具体实现步骤包括凹面区域提取、凹面区域边界提取、圆拟合。

12.2.1 提取凹面镜片区域

为了突出凹面向上的镜片的边界，图像会出现比较严重的光照不均。而且，由于镜片这种特殊材质，即使凸显的边缘，其灰度也有很大的变化。如图12.6所示，三个凹面向上的镜片，其边缘的亮度也有较大的区别。因此，为了分割出凹面镜片区域，可以采用动态阈值或局部阈值进行分割。当然，在此操作之前也可以先对图像进行增强处理。图12.6（a）是动态阈值处理结果。此时虽然有一些额外的区域也包括在其中，比如图12.6（a）所示的一些不规则形状的小区域等。但是可以方便地通过孔洞填充、连通域过滤等算法实现只提取凹面向上的镜片。由于目标对象是圆形结构，因此连通域过滤采用面积和圆度结合的方式实现，图12.6（b）是提取的凹面向上的镜片的结果。

 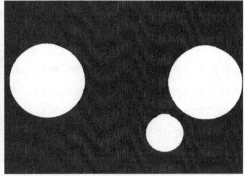

（a）阈值处理结果　　　　　　　　　　　（b）空洞填充、连通域过滤结果

图 12.6　凹面镜片区域提取结果

12.2.2　中心位置查找

虽然图 12.6 中已经提取了凹面向上的镜片的连通区域。但是，如果直接计算该区域的中心位置，其误差略微有点偏大。因为，从图 12.5 中可以看出，白色区域的最外面在某些地方并不是镜片的真实边界。由于光源的原因，会将镜片的部分下边缘照亮，如果需要提高位置的准确度，可以采用提取区域的边界轮廓，然后根据轮廓拟合圆的方式实现。尽管提高的准确度有限，但也足够满足该应用的需求。图 12.7 显示了图中最小的镜片拟合圆的结果，可以看出，拟合的圆更能代表实际镜片的边界。

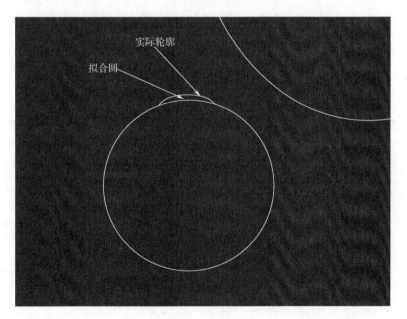

图 12.7　拟合圆结果

如果光源安装位置比较好，能够得到更好的图像质量。因此，该应用的图像处理算法比较简单，核心是如何选择打光方式。此外，该实例没有涉及与机器人相关的操作，如果要实现与机器人相关的操作，还需要如前所述进行相机镜头的畸变校正和相机的标

定工作，以确定图像坐标与真实世界坐标之间的关系。图像处理部分的完整代码如下所示。

例 12-2 镜片自动分拣。

```
read_image(Image,'E:/示例/镜片.bmp')
mean_image(Image,ImageMean1,9,9)
dyn_threshold(Image,ImageMean1,RegionDynThresh1,5,'light')
connection(RegionDynThresh1,ConnectedRegions)
*填充孔洞
fill_up(ConnectedRegions,RegionFillUp)
*根据面积和圆度选择区域
select_shape(RegionFillUp,SelectedRegions,['area','circularity'],'and',[19467.5,0.8028],[200000,1])
*根据区域生成轮廓
gen_contour_region_xld(SelectedRegions,Contours,'border')
*根据轮廓拟合圆
fit_circle_contour_xld(Contours,'algebraic',-1,0,0,3,2,Row,Column,Radius,StartPhi,EndPhi,PointOrder)
*生成圆轮廓
gen_circle_contour_xld(ContCircle,Row,Column,Radius,0,6.28318,'positive',1)
*计算圆形轮廓的面积和中心
area_center_xld(ContCircle,Area,Row1,Column1,PointOrder1)
```

12.3 布料瑕疵检测

布料在生产过程中，不可避免会产生各种污染，由此在布料上留下瑕疵，瑕疵的存在影响布料的美观。在生产过程中，需要将布料中的瑕疵检测出来。如图 12.8 所示为布料上的黄斑。

布料中的瑕疵与布料之间形成了比较明显的颜色区别。为了凸显这种区别，通常采用彩色相机进行图像采集。布料一般比较长，在生产线上运动，无法用面阵相机进行图像采集。因此，需要用线阵相机采集图像。在用线阵相机采集图像的时候，需要保证线阵相机的行频与布料的运动速度相适应，保证采集的图像不会变形。

在此类应用中，布料作为柔性材料，在运动过程中会有明显的振动。因此，相机的安装位置很重要，需要保证线阵相机在采集图像的位置布料不会振动或振动很小。通常通过额外的添加机械装置来保证布料在图像采集位置比较平稳的运动。对于视

图 12.8 布料瑕疵示意图

觉图像处理方面，该应用主要用到了彩色图像分解、代数运算、阈值分割等算法。

12.3.1 彩色图像分解

布料采集的图像为 24 位 RGB 彩色图像。选择彩色图像的目的是突出布料与瑕疵之间的颜色区别。但是，如果直接对其利用颜色信息进行检测则不可实现。因为，在有的情况下，即使存在瑕疵，其颜色相对于布料的区别也比较小。但是，通过颜色分解可以发现，瑕疵在某些通道上，与布料的对比度更加明显，如果直接将彩色图像灰度化，则会弱化这种区别。

（a）第一通道图像　　　　　　　（b）第二通道图像

（c）第三通道图像　　　　　　　（d）灰度化图像

图 12.9　分解后的图与直接灰度化的图

图 12.9 显示了对图 12.8 进行颜色分解后的三个通道图像以及彩色图像直接灰度化后的图像。可以看出，直接灰度化之后，瑕疵几乎不可见。但是图像通过分解后，在第三通道上瑕疵更加明显。通过对图像颜色进行分解，突出了瑕疵与布料之间的对比度，对后续的瑕疵提取更加有利。

12.3.2 瑕疵区域提取

从图 12.9（a）可以看出，在第一通道上，肉眼无法看出瑕疵的存在。由此，可以利用该信息来提取瑕疵区域。在此利用代数运算实现，计算第三通道与第一通道的代数差，由于两个通道的图像只有在存在瑕疵的区域有明显的区别，因此，通过代数运算即可直接找到瑕疵区域。图 12.10（a）是两者相减的结果。可以看出，经过相减运算后，图像更加平滑，而瑕疵区域相对于布料也更加明显。在此基础上，通过阈值分割，即可得到瑕疵区域。图 12.10（b）是阈值分割结果。此例中，直接利用固定阈值进行分割。

进行阈值分割之后，虽然提取出了瑕疵区域，但是，图像中还存在一些比较小的杂点。在此，可以通过面积大小进行过滤，也可以通过形态学算法直接过滤点这些小的杂点。在实际应用中，可以通过预先设定的阈值，判断杂点是否为瑕疵。

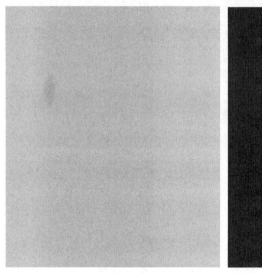 

（a）相减结果　　　　　　　　　　（b）固定阈值分割结果

图 12.10　瑕疵区域提取结果

在本例中，采用的算法比较简单。但是，对于具体的视觉检测需求，有一点需要明确，即采用哪些算法并没有固定的模板，即使对于同一张图像，也可以采用不同的算法实现相同的结果。本实例只是演示了其中一种，目的是明确机器视觉在实际工业中的强大的解决问题的能力。下面是具体的代码实现。

例 12-3　布料瑕疵检测。

```
dev_set_color('white')
*选择文件夹中的图像
list_files('E:/示例程序/12-3/ ',['files','follow_links'],ImageFiles)
tuple_regexp_select(ImageFiles,['\\.(tif|bmp)$','ignore_case'],ImageFiles)
*依次读取每种图像进行处理
for Index:=0 to |ImageFiles|-1 by 1
```

```
    read_image(Image,ImageFiles[Index])
*颜色通道分解
    decompose3(Image,Image1,Image2,Image3)
*图像相减
    sub_image(Image3,Image1,ImageSub,1,128)
*阈值处理
    threshold(ImageSub,Regions1,117,138)
    stop()
endfor
```

例 12-3 中，选择了四张图像，最后通过阈值分割得到了黄斑瑕疵区域，后续的区域大小和位置没有统计，因此也没有设定阈值判断是否为瑕疵区域，此部分留给读者自行完成。该例子采用了较为简单的算法实现，还有其他的方法也可以实现瑕疵检测，请读者自行思考。图 12.11 是处理结果。

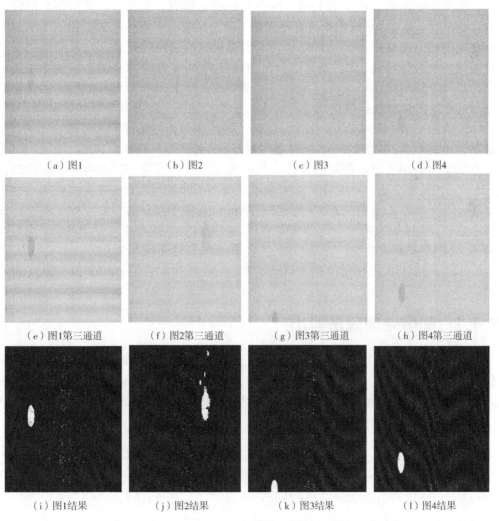

图 12.11　布料瑕疵处理结果

图 12.11 中，图 12.11（a）~（d）为原始图像，图 12.11（e）~（h）为通道分离后的第三通道图像，图 12.11（i）~（l）为阈值分割结果，可以看出，所采用的方法，即使对于不同的图像也适用，可以实现该类布料图像的瑕疵检测。

12.4　HALCON 与 C#混合编程实例

HALCON 作为一个图像处理平台，不是一个完整的机器视觉系统。为了搭建一个完整的机器视觉系统，需要借助第三方编程语言实现。利用 HALCON 搭建机器视觉系统的方法通常是在 HALCON 软件平台上实行图像处理算法，然后将算法导出到其他语言中，在第三方编程语言中进行机器视觉系统框架的搭建。HALCON 支持的导出语言包括 C#、C、C++、VB 等编程语言。

一个视觉系统的开发，有几点需要注意。首先，算法的稳定性。所设计的视觉图像处理算法至少要能够适应产线上同一种产品的稳定检测，因此该要求需要对图像处理算法熟练掌握。其次，系统参数可方便调整。视觉系统在实验环境所设计的算法或参数并不一定能够适应现场的光照条件，为了能够快速响应应用要求，通常需要在现场再次对视觉系统进行调试，尤其是算法参数的调整。因此，应该将可能影响视觉系统检测效果的参数开放出来，以方便现场进行调整修改；该要求需要对系统框架的搭建熟练掌握，对系统的功能进行模块划分，修改某一个模块不会影响其他模块的功能。第三，能够快速响应需求，快速开发。因此，选择一种简单快捷的编程语言是最合适的。对于机器视觉系统而言，首要的功能是满足检测要求；其次是系统稳定可靠，能够利用最简单的方法实现检测要求是最好的设计。机器视觉系统主要用于工业中的缺陷检测、识别、定位、测量等方面。系统设计首先满足功能要求和稳定运行，在界面美观方面的要求其次。在此推荐采用 HALCON 与 C#的 Winform 程序混合编程实现视觉系统。该方式简单方便，能够快速搭建稳定的视觉系统。如果对其他编程语言更加熟悉，也可以选择其他方式搭建视觉系统。下面以一个简单的例子说明采用 HALCON18.05 版本与 Visual studio 2015 集成环境中的 C#语言 Winform 程序混合编程实现视觉系统的具体过程。

12.4.1　图像处理算法导出

在这个示例中，选择了一张简单的图像，主要是说明搭建视觉系统的具体过程。图像如图 12.12（a）所示，需要统计图中字符包括圆点的数量。只采用了固定阈值分割算法，然后统计连通域的数量得到需要统计的结果。完整的处理算法如下所示。图 12.12（c）显示了图像变量和最后的统计结果为 30。

```
read_image(Image,'E:/ /示例/12-4.bmp')
threshold(Image,Regions,83,251)
connection(Regions,ConnectedRegions)
count_obj(ConnectedRegions,Number)
```

(a) 原图 (b) 分割结果 (c) 统计结果

图 12.12　统计字符数量

下一步,在 HALCON 中选择菜单"文件"→"导出"。出现图 12.13 所示对话框。在该对话框中第二行选择导出的类型,第一行选择导出的文件路径并命名导出文件的名称。在"导出范围"中选择"程序",在"函数属性"中将所有框都选中,在"窗口导出"中选择"使用导出模板",在"编码"中选择"原始"。然后点击"导出"按钮,将会在指定路径下生成该文件。由此完成图像处理算法的导出。本例中,选择的导出路径为 E:\testHALCON,因此在该目录下将会看到 charNum.cs 文件。也可以用写字板打开该文件进行查看。接下来需要在 C#中完成图像算法的集成。

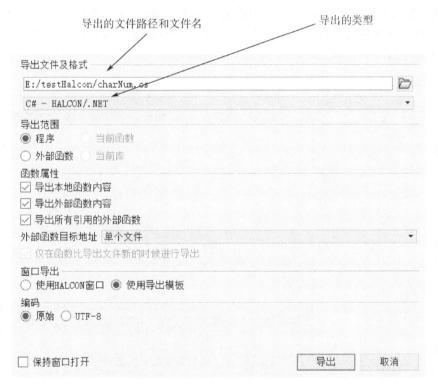

图 12.13　HALCON 算法导出界面

12.4.2　系统设计与算法集成

打开 Visual studio 2015,选择"新建项目",出现图 12.14 所示对话框。

图 12.14　新建 C#项目

在图 12.14 中左边选择 C#项目，中间的对话框中选择"Windows 窗体应用程序"，在下面的名称栏输入项目名称，本例中为"test"，在位置栏输入项目保存的位置。点击"确定"按钮，完成项目的创建。出现图 12.15 所示界面。

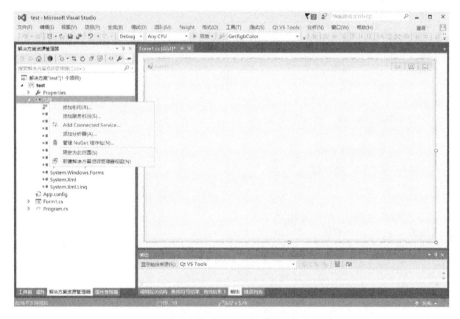

图 12.15　项目界面

在图 12.15 中的"解决方案资源管理器"中，鼠标右键选择"引用"，点击"添加引用"，点击"浏览"，选择 HALCON 安装目录中的 HALCONdotnet.dll 文件，如图 12.16 所示。图 12.17 所示为添加应用的对话框。添加完成之后，点击"确定"完成。

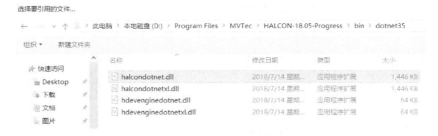

图 12.16　HALCONdotnet.dll 文件所在位置

图 12.17　添加 HALCON 引用

在图 12.18 中，用鼠标右键选择"指针"，然后选择"选择项"，出现图 12.18 右边所示对话框。在对话框中选择顶部的".NET Framework 组件"，然后点击"浏览"按钮，选择图 12.16 所示的 HALCONdotnet.dll 文件，出现图 12.18 右边所示两个打"☑"的组件，此组件是 HALCON 用于图像显示的组件，点击"确定"完成，将会在工具箱中添加两个控件。如图 12.19 所示最后两行的控件。

图 12.18　添加工具箱控件

图 12.19 用于显示图像的 HALCON 控件

在图 12.20 所示位置,选择配置管理器,弹出图 12.21 所示配置管理器。

图 12.20 修改项目配置

在图 12.21 中,选择"活动解决方案平台"中的"AnyCPU"下拉框,选择"新建",出现新建解决方案平台,选择 x64。点击"确定"按钮,完成项目平台配置。

图 12.21 新建 x64 项目平台

在 HALCON 的安装目录中，找到 HALCON.dll 文件，如图 12.22 所示。将 HALCON.dll 文件复制到项目文件中，位置如图 12.23 所示。

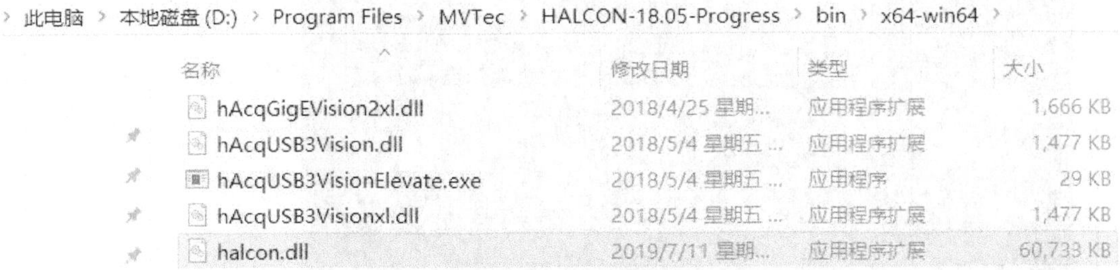

图 12.22　HALCON.dll 文件所在位置

图 12.23　HALCON.dll 文件放置位置

注意，如果安装的 HALCON 是 x86 的版本，需要复制 x86 对于 HALCON.dll 的文件到对应的项目位置，而且，图 12.21 的新建项目的平台也应该选择 x86 平台，两者不可混淆。

鼠标右键选择项目"test"，然后选择"添加"→"添加现有项"，如图 12.24 所示，选择导出的 charNum.cs 文件，将该文件加入项目中。至此，项目的准备工作完成。

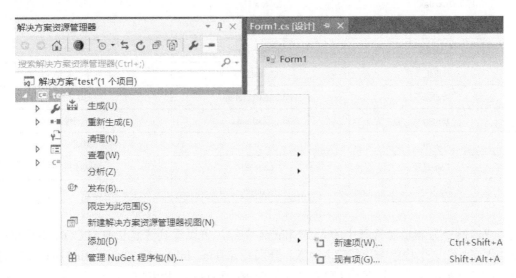

图 12.24　添加导出的 charNum 文件到项目中

图 12.25 是项目的界面设计结果。在界面上添加图 12.25 所示控件，控件的设置如表 12.1 所示。

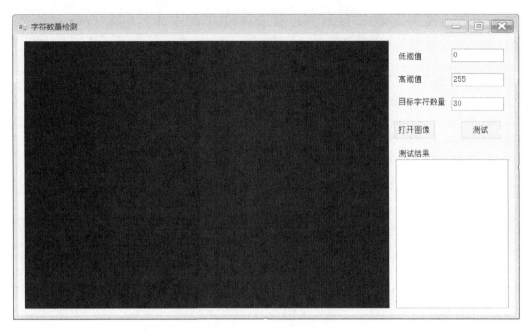

图 12.25　项目界面设计

表 12.1　控件设置

控件类型	控件名称	控件 text 属性
hWindowControl	hWindowControl1	hWindowControl1
label	label1	低阈值
TextBox	tb_lowThr	0
label	Label2	高阈值
TextBox	tb_highThr	255
label	Label3	目标字符数量
TextBox	tb_targetCharNum	30
Button	bn_openImage	打开图像
Button	bn_test	测试
Label1	Label4	测试结果
TextBox	tb_result	

双击解决方案资源管理中的 charNum.cs 文件，可以看到这是从 HALCON 中导出的算法程序。在这个程序中，有三个函数，分别是 action、InitHALCON 和 RunHALCON 函数。其中的 action 函数是 HALCON 设计的图像处理过程，RunHALCON 函数调用 action 函数来执行图像处理过程，如果在主窗体的"测试"按钮中调用 RunHALCON 函数，传入正确的参数，即可完成整个图像处理过程。此外，也可以在"测试"按钮直接调用 action 函数来完成图像处理过程。在本例中，直接从"测试"按钮调用 action 函数。由于需要将参数传入 action 函数中，因此，需要对 action 函数进行修改。修改完成的 action 函数

如下所示。

```
public int action(HObject ho_Image,int lowThr,int highThr,ref HObject ho_ConnectedRegions)
{
    HObject ho_Regions;
    HTuple hv_Number=new HTuple();
    HOperatorSet.Threshold(ho_Image,out ho_Regions,lowThr,highThr);
    HOperatorSet.Connection(ho_Regions,out ho_ConnectedRegions);
    HOperatorSet.CountObj(ho_ConnectedRegions,out hv_Number);
    return hv_Number;
}
```

双击设计界面上的"打开图像按钮"和"测试按钮",打开 Form1.cs 的程序编辑界面,如图 12.26 所示。

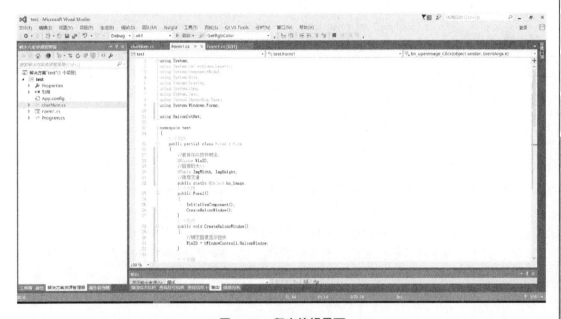

图 12.26 程序编辑界面

在 Form1.cs 中完成如下代码:

```
using System;
using System.Collections.Generic;
using System.ComponentModel;
using System.Data;
using System.Drawing;
using System.Linq;
using System.Text;
```

```csharp
using System.Threading.Tasks;
using System.Windows.Forms;
using HALCONDotNet;
namespace test
{
    public partial class Form1:Form
    {
        //窗体ID与控件绑定,
        HWindow WinID;
        //图像的大小
        HTuple ImgWidth,ImgHeight;
        //图像变量
        public static HObject ho_image;
        public Form1()
        {
            InitializeComponent();
            CreateHALCONWindow();
        }
        public void CreateHALCONWindow()
        {
            //绑定图像显示控件
            WinID=hWindowControl1.HALCONWindow;
        }
        private void bn_openImage_Click(object sender,EventArgs e)
        {
            OpenFileDialog ofDlg=new OpenFileDialog();
            ofDlg.Filter="所有图像文件   |*.bmp;*.pcx;*.png;*.jpg;*.gif;*.tif;*.ico;*.dxf;*.cgm;*.cdr;*.wmf;*.eps;*.emf";
            if(ofDlg.ShowDialog()==DialogResult.OK)
            {
                HTuple ImagePath=ofDlg.FileName;
                HOperatorSet.ReadImage(out ho_image,ImagePath);
                HOperatorSet.GetImageSize(ho_image,out ImgWidth,out ImgHeight);
                WinID.DispObj(ho_image);
            }
        }
        private void bn_test_Click(object sender,EventArgs e)
        {
            int lowThr=int.Parse(tb_lowThr.Text);
            int highThr=int.Parse(tb_highThr.Text);
```

```
            int targetNum=int.Parse(tb_targetCharNum.Text);
            HDevelopExport HD=new HDevelopExport();
            int charNum=0;
            HObject ho_ConnectedRegions=null;
            charNum=HD.action(ho_image,lowThr,highThr,ref ho_Connected
Regions);
            WinID.DispObj(ho_ConnectedRegions);
            if(charNum !=targetNum)
            {
                tb_result.AppendText(System.Environment.NewLine+"检测结果:
"+" "+charNum.ToString()+" "+"NG");
                tb_result.Select(tb_result.TextLength,0);
                tb_result.ScrollToCaret();
            }
            else
            {
                tb_result.AppendText(System.Environment.NewLine+"检测结果:
"+" "+charNum.ToString()+" "+"OK");
                tb_result.Select(tb_result.TextLength,0);
                tb_result.ScrollToCaret();
            }
        }
    }
}
```

以上是 Form1.cs 文件的完整代码，其中的 HDevelopExport 是 action 函数的类。导出的 charNum.cs 文件默认为 HDevelopExport 类。尽管该类中有大量自动生成的代码，但是对其进行修改后，可以只保留 action 函数，其他的都可以删除，因此，修改后的 charNum.cs 完整代码如下：

```
using System;
using HALCONDotNet;
public partial class HDevelopExport
{
    public int action(HObject ho_Image,int lowThr,int highThr,ref HObject ho_ConnectedRegions)
    {
        HObject ho_Regions;
        HTuple hv_Number=new HTuple();
        HOperatorSet.Threshold(ho_Image,out ho_Regions,lowThr,highThr);
```

```
        HOperatorSet.Connection(ho_Regions,out ho_ConnectedRegions);
        HOperatorSet.CountObj(ho_ConnectedRegions,out hv_Number);
        return hv_Number;
    }
}
```

程序运行结果如图 12.27 所示。

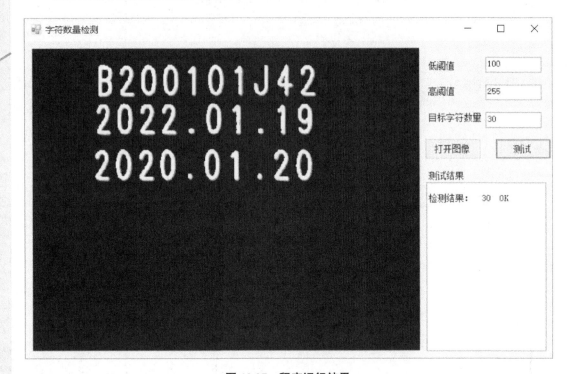

图 12.27　程序运行结果

习　题

12.1　利用 HALCON 和 C#混合编程，实现一个简易的视觉图像处理系统。检测内容自己确定。

参考文献

[1] 卡斯特恩·斯蒂格, 马克乌斯·乌尔里克, 克里斯琴·威德曼. 机器视觉算法与应用[M]. 杨少荣, 吴迪靖, 段德山. 译. 北京: 清华大学出版社, 2005.

[2] Rafael C. Gonazlea, Richard E. Woods. 数字图像处理[M]. 第2版. 阮秋琦, 阮宇智等. 译. 北京: 电子工业出版社, 2007.

[3] 韩九强. 机器视觉技术应用[M]. 北京: 高等教育出版社, 2009.

[4] 张铮, 王艳平, 薛桂香. 数字图像处理与机器视觉[M]. 北京: 人民邮电出版社, 2010.

[5] Kirsch R A. Computer determination of the constituent structure of biological images [J]. Computers and biomedical research, 1971, 4(3): 315-328.

[6] 白福忠. 视觉测量技术基础[M]. 北京: 电子工业出版社, 2013.

[7] 章毓晋. 图像理解与计算机视觉[M]. 北京: 清华大学出版社, 2000.

[8] 张广军. 机器视觉[M]. 北京: 科学出版社, 2005.

[9] 金伟其, 胡威捷. 辐射度、光度与色度及其测量. 北京: 北京理工大学出版社, 2006.

[10] 王庆有. CCD应用技术. 天津: 天津大学出版社, 2000.

[11] 卡斯尔曼. 数字图像处理[M]. 朱志刚, 林学闫, 石定机等, 译. 北京: 电子工业出版社, 2002.

[12] 郑南宁. 计算机视觉与模式识别[M]. 北京: 国防工业出版社, 2006.

[13] 李文书, 赵悦. 数字图像处理算法与应用[M]. 北京: 北京邮电大学出版社, 2012.

[14] HALCON 中文使用手册, 德国 Mvtec 公司, 2011.

[15] Canny J. A computational approach to edge detection [J]. IEEE Transactions on pattern analysis and machine intelligence, 1986 (6): 679-698.

[16] Sobel I. An isotropic 3×3 image gradient operator [J]. Machine vision for three-dimensional scenes, 1990: 376-379.

[17] Roberts L G. Machine perception of three-dimensional solids [D]. Massachusetts Institute of Technology, 1963.

[18] Prewitt J M S. Object enhancement and extraction [J]. Picture processing and Psychopictorics, 1970, 10(1): 15-19.

[19] Lowe D G. Distinctive image features from scale-invariant key points [J]. International journal of computer vision, 2004, 60(2): 91-110.

[20] Bay H, Tuytelaars T, Van Gool L. Surf: Speeded up robust features [J]. Computer Vision–ECCV 2006, 2006: 404-417.

[21] Marr D, Hildreth E. Theory of edge detection [J]. Proceedings of the Royal Society of London B: Biological Sciences, 1980, 207(1167): 187-217.

[22] Calonder M, Lepetit V, Strecha C, et al. Brief: Binary robust independent elementary features [J]. Computer Vision–ECCV 2010, 2010: 778-792.

[23] Rublee E, Rabaud V, Konolige K, et al. ORB: An efficient alternative to SIFT or SURF[C]//Computer Vision (ICCV), 2011 IEEE international conference on. IEEE, 2011: 2564-2571.

[24] Alahi A, Ortiz R, Vandergheynst P. Freak: Fast retina key point[C]//Computer vision and pattern recognition (CVPR), 2012 IEEE conference on. IEEE, 2012: 510-517.

[25] Leutenegger S, Chli M, Siegwart R Y. BRISK: Binary robust invariant scalable key points[C]//Computer Vision (ICCV), 2011 IEEE International Conference on. IEEE, 2011: 2548-2555.

[26] 颜孙震, 孙即祥. 矩不变量在目标识别中的应用研究[J]. 长沙: 国防科技大学学报, 1998, 20(5), 75-80.

[27] Shi J, Ray N, Zhang H. Shape based local thresholding for binarization of document images [J]. Pattern Recognition Letters,

2012, 33(1): 24-32.

[28] 廖斌. 基于特征点的图像配准技术研究[D]. 长沙: 国防科技大学, 2008.

[29] C. STEGER. Similarity measures for occlusion, clutter, and illumination invaariant object recongnition. In B. RADIG, S. FLORCZYK, EDITOR, Pattern Recongnition, Lecture Note Computer Science, Vol, 2191, pp, 148-154. Springer-Verlag, Berlin, 2001.

[30] 迟健男. 视觉测量技术[M]. 北京: 机械工业出版社, 2011.

[31] 马颂德, 张正友. 计算机视觉——计算理论与算法基础[M]. 北京: 科学出版社, 1998.

[32] 邱茂林, 马颂德等. 计算机视觉中摄像机定标综述[J]. 自动化学报, 2001, 1;43-55.

[33] 胡国元, 何平安等. 视觉测量中的相机标定问题[J]. 光学与光电技术, 2004, 8;9-12.

[34] R. LENZ, D. FRITSCH. Accuracy of videometry with CCD sensors. ISPRS Journal of Photogrammetry and Remote Sensing, 1990, 45(2): 90-110.